高压电力电缆高落差敷设技术

何光华　主编

中国电力出版社
CHINA ELECTRIC POWER PRESS

内 容 提 要

目前国内城市环高架公路、高铁、轻轨等立体交通建设规模的快速增长，高落差高压电缆线路包含变电站进线或高铁、重要用户的供电线路，供电可靠性要求极高，一旦故障抢修耗时长、成本高，造成的社会恶劣影响及人民生命财产损失不可估量。

关于多振动源、高落差高压电缆工程的研究较少，缺乏专用的高落差电缆敷设固定工法、配套工器具以及有效的检测手段，本书以无锡的 220kV 长江变电站—无锡东牵引站电缆线路工程为例，立足于我国输配电工程的需要，对多振动源、高落差高压电缆工程中需要重点关注的敷设固定工法及配套工器具进行介绍。本书共分 6 章，包括概述、高落差高压电缆工程概况和设计高落差电缆敷设技术的研究，高落差电缆专用工器具的研究，高落差、多振动源环境下的局部放电检测及综合指纹库研究，多振动源检测方法及振动应力检测设备研究，以及高落差高压电缆的敷设及验收要点。

本书可供从事电力电缆敷设工程的工程技术人员、管理人员在工作实践中阅读，也可作为电力电缆工程的研究人员、相关专业师生的参考资料。

图书在版编目（CIP）数据

高压电力电缆高落差敷设技术/何光华主编 . —北京：中国电力出版社，2018.12（2021.10重印）
ISBN 978 - 7 - 5198 - 2763 - 2

Ⅰ. ①高…　Ⅱ. ①何…　Ⅲ. ①高压电缆—电力电缆—电缆敷设　Ⅳ. ①TM757

中国版本图书馆 CIP 数据核字（2018）第 281576 号

出版发行：中国电力出版社
地　　址：北京市东城区北京站西街 19 号（邮政编码 100005）
网　　址：http：//www.cepp.sgcc.com.cn
责任编辑：安小丹（010-63412367）董艳荣
责任校对：黄　蓓　闫秀英
装帧设计：赵姗姗
责任印制：吴　迪

印　　刷：北京瑞禾彩色印刷有限公司
版　　次：2018 年 12 月第一版
印　　次：2021 年 10 月北京第二次印刷
开　　本：787 毫米×1092 毫米　16 开本
印　　张：14
印　　数：1501—2500 册
字　　数：291 千字
定　　价：135.00 元

本书编委会

主　　编：何光华

副 主 编：张志坚　吕　峰

参加编写：王永强　李鸿泽　高　超　柏　仓　周　鹏

　　　　　史如新　徐　欣　刘贞瑶　陈志勇　刘　洋

　　　　　陶风波　陈　杰　谭　笑　何建益　徐　骏

　　　　　陈峻宇　卞　栋　张培伦　秦正明　薛　奇

　　　　　陈　嵩　张　刚　徐　超　齐金龙　周宇丰

　　　　　庄　裕　李　烨　胡丽斌

前　言

近年来，我国城市输配电线路电缆化应用趋势显著，全国已投运的高压电缆总长度达 68.3 万多千米，成为城市供电的主要输送形式之一。另外，全国各城市的高速内环高架公路、城际高铁、城市轻轨等立体交通建设规模均成快速增长趋势，这种变化导致多振动源、多点高落差高压电缆线路项目开始不断涌现，该类型电缆线路供电可靠性要求极高，一旦故障抢修耗时长、成本高，造成的社会影响和经济损失巨大。

为了解决高落差高压电缆线路敷设工程，及时总结和介绍适用于高落差环境下高压电缆"可调式适位敷设打弯法"和配套工器具，满足广大读者的需要，编写了这本书。

本书以 220kV 长江变电站—无锡东牵引站工程为例，对高落差高压电缆线路在设计施工检测等各个建设施工环节开展系统的研究，从而提高其运行可靠性，为区域社会经济发展提供坚强的供电保障。

本书重点介绍了电缆敷设技术及专用工器具，研究敷设模型、牵引力计算、敷设方式、固定方式，研制电缆敷设、打弯及固定专用工器具。通过对这类电缆线路在设计施工检测等各个建设施工环节开展系统的研究应用，为区域社会经济发展提供坚强的供电保障。

本书内容具有较强的专业性，施工工艺详细具体，有技术要求，有注意事项，配套工器具结合原理和图解说明，并均列举了现场应用。

由于作者水平有限，不妥之处在所难免，敬请读者批评指正。

编　者

2018 年 11 月

目　录

1 | 概　述

1.1　高落差高压电缆工程施工的特点

电力电缆在电力系统中以地下紧凑型运行方式实现传输和分配大容量电能，被喻为城市电网的"血管"。相比架空导线，更能提高电网抵御冰雪、台风等自然灾害能力，可有效解决城市环境美化、线路走廊、变电站站址、电磁干扰等突出难题，尤其是在寸土寸金的一、二线城市，电力电缆的运用可大量节约地面土地资源，因此得到了越来越广泛的应用，近十年来，高压电力电缆的敷设回路长度以超过15%的年平均增长率稳步增长，相应地承担起城市输配电主干线路的作用。

高压电力电缆线路增长十分迅速，据统计，2016 年底国家电网公司高压电缆线路路径长度已达 68.3 万 km（以单相路径长度统计），作为城市供电的主要输送形式，在江苏地区国民经济发展过程中扮演着极为重要的角色。

另外，随着我国社会经济的发展、商业模式的变革，高速便利的交通物流对于经济发展的作用日益凸显。当前，全国一、二线城市的高速内环高架公路、城际高铁、地上地铁等重要交通枢纽建设作为城市建设的重要规划正在不断增长，其成为辅助社会经济发展的重要支撑。各个城市的建设规模均成快速增长趋势，其带来的变化是：

（1）高铁等配套高压电缆线路建设工程日益增长。这些 220kV 高压电缆线路的供电可靠性要求极高，其失电带来铁路运行安全隐患、造成的社会恶劣影响及人民生命财产损失不可估量。

（2）城市高点跨越、多振动源的位置除了以往的河流、桥梁等以外，又增加了高速公路、高铁、地上地铁等环境，且数量越来越密集，不少区域的落差也越来越高。而 220kV 高压电缆线路供电半径长，近几年长距离电缆线路增长迅速，其跨越或近距离平行桥梁、河流、高架公路、铁路等区域敷设也越来越频繁。

以 220kV 长江变电站—无锡东牵引站工程为例，路径长度达 10km，一回路电缆截面采用 2500mm^2，为长江变电站—香楠变电站的联络线；另一回路电缆截面采用 1600mm^2，为长江变电站—无锡东牵引站的供电线路，路径经过 9 个跨越高架桥、铁路等的落差段，最大落差达 30 余米；通道形式包括隧道、非开挖拉管、竖井、涵洞、桥架等；电缆部分线路跨越或近距离平行高铁、高速公路等区域，环境复杂。其核心特征如下：①全线具有多个几字型高落差敷设区；②全线具有多处临近高速公路、高铁等的复合振动源的敷设区；③全线具有多类型复合通道；④电缆线路电压等级高、截面大、重量大。

高落差高压电缆工程施工面临四大难题：①缺乏几字形高落差电缆无接头敷设固定工法，传统的下降法不适应 GB 50217《电力工程电缆设计规范》及《国家电网公司十八项电网重大反事故措施》（国家电网生〔2012〕352 号）"桥架不宜布置电缆接头"的技术要求，成本高、工期长、运维困难、易产生运行隐患；②缺乏高落差狭小环境下高压电缆"可调式适位敷设打弯法"的配套工器具；③缺乏高落差狭小环境下高压电缆"可调式适位固定"的配套工器具；④缺乏有效的检测手段。

高落差高压电缆线路供电范围广、负荷容量大，供电可靠性要求极高，一旦发生故障，其故障检修非常耗时且成本很高，社会影响大，造成的经济损失影响巨大，本书主要介绍这类电缆线路在设计施工、检测等各个建设施工环节开展系统的研究应用，为区域社会经济发展提供坚强的供电保障。

1.2　国内外研究现状

1.2.1　高落差高压电缆高点无接头敷设及固定工艺方法的研究

高落差高压电缆线路主要包含两种形式：一种是高压电缆两个终端的水平位置差较大；另一种是高压电缆线路上最高与最低点的位置差较大。本书主要研究第二种形式，即高压电缆线路上的连续两点的高度落差在 25～30m 及以上。而本书研究的高落差电缆连续敷设是对连续敷设段落所涉及的"几形"所有电缆通道内的电缆敷设进行研究。高落差连续敷设的"几形"模型如图 1-1 所示。

通过调研统计发现，当前的高压电缆高落差敷设模式主要以图 1-2 模式居多，涉及的高落差通道主要为变电站电缆夹层、竖井、电缆隧道（电缆沟、涵洞）、排管、拉管等，敷设方式均为下降法（即由高落差通道的

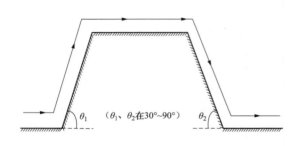

θ_1　（θ_1、θ_2在30°~90°）　θ_2

图 1-1　"几形"高落差（高点无接头连续敷设方式）

高点向低点敷设）；部分为"几型"，涉及的高落差通道主要为竖井、电缆隧道（电缆沟、涵洞）、桥架等，敷设方式采取了非连续敷设方式（详见图1-3），也为下降法，即在高落差的高点向两侧低点敷设电缆，然后在高点制作中间接

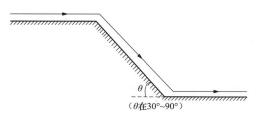

图1-2 "乁形"高落差（下降法）

头进行对接的方式。目前尚没有30m及以上的较高落差的无接头连续敷设方式，即先自底部向顶部敷设—再过桥架—自桥架对端顶部向底部敷设的工艺方法（详见图1-4），因此，缺乏与高落差无接头连续敷设方式相对应的非开挖拉管、带中间限位的弧形垂直敷设力学简化计算公式研究，缺乏相对应的牵引力、侧压力、热机械力、电动力等综合力学模型研究，也缺乏相对应的施工方案、作业指导书、施工质量手册、验收规范等系统施工方法文件。

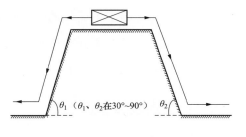

图1-3 "几形"高落差
（高点接头连接敷设方式）

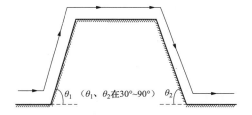

图1-4 "几形"高落差
（高点无接头连续敷设方式）

通过调研发现，目前没有针对高落差连续敷设的系统固定方式研究。但针对其各段落的固定，各地结合各自工程环境的实际情况，采用了不同的电缆布置和固定方式。如在拉管段出口处，有的采用了伸缩节，有的采用了刚性固定；如在高落差段落，"乁形"采用挠性固定方式居多，当竖井空间有限时，有的采用了刚性固定方式。当截面较大、热膨胀的应力过大，采用刚性固定敷设有困难时，则采用挠性固定方式。

可见，无论是采用刚性固定还是挠性固定方式，只要设计和安装正确，电缆线路都能满足运行要求。至于采用何种固定方式以及刚性固定与挠性固定在一条线路上的正确过渡，都要根据电缆线路的实际情况，进行合理的设计和选择，并应配置满足机械性能、防腐性能、防涡流导磁性能等的固定夹具。

正确的设计和使用电缆夹具是高压电缆敷设安装的重要环节。固定电缆的夹具，

一般从 3 个方面进行考虑；一是材质，二是组合形式，三是使用场合。针对高电压大截面电缆，目前主要采用有型钢、玻璃钢复合材料支架、铝合金、复合材料抱箍、普通钢材伸缩节等，但缺乏可根据高落差倾斜角度、高度调整的塑料工程支架和抱箍的应用经验，缺乏塑料支架的强度、刚度校核研究，缺乏处理狭小空间传统伸缩节空间不够问题的经验。

1.2.2　高落差高压电缆"可调式适位敷设打弯"施工配套工器具的研究

国内外针对现场环境，开展适应各自施工工艺方法的配套施工工器具的研究也较为普遍，但目前尚无高落差高点无接头敷设及固定工艺方法，针对不同高度落差及狭小环境，相对应的适应于"可调式适位敷设打弯"配套工器具研究尚处空白。

1.2.3　高落差高压电缆施工"可调节适位固定法"配套夹具的研究

国内外针对现场环境，开展适应各自施工工艺方法的配套施工工器具的研究也较为普遍，但目前尚无高落差高点无接头敷设及固定工艺方法，针对不同高度落差及狭小环境，相对应的适应于"可调节适位固定法"的配套夹具研究尚处空白。

1.2.4　高压电缆局部放电检测技术方法及综合指纹库的研究

当前除耐压试验外，施工阶段的检测技术均处于经验积累阶段。国内外不同原理的局部放电检测技术的研究也是热点难点。目前，国内外开展的现场局部放电检测研究也较为普遍，但缺乏针对高落差、多振动源环境下基于 CPDM（脉冲电流法）的电缆缺陷综合指纹库，构建基于综合脉冲时、频域、统计算子、特征谱图的多维度的局部放电特征指纹库及检测诊断研究仍处于空白，对于以无锡地区为代表的现场典型干扰局部放电指纹库研究也处于空白，其研究对于提升现场检测的有效性和效率具有重要意义。

1.2.5　复杂多振动源检测方法及振动应力监测设备的研究

在多点高落差高压电缆防振方面，桥梁上的电缆线路在设计和运行过程中都需要考虑桥梁振动及自身振动对电缆线路的影响，国内外对于电缆线路跨高铁、道路的振动与应力检测（监测）尚未有系统检测（监测）和研究，高铁高速运行对桥架上电缆的振动应变影响研究尚处空白。

1.3　研究重点及关键技术问题

1.3.1　高压电缆高落差高点无接头敷设及固定工艺方法的研究

（1）高落差高压电缆敷设力学工程模型和计算分析。针对多通道、高落差电缆模型的特点，发现拉管段、带中间限位的弧形垂直沉井段牵引力计算尚没有工程经验借鉴。根据实际敷设环境进行了敷设深度与弧形段高度差区段归类，分别建立了工程力学模型，采用理论计算和现场实测校核，确定了直线段加安全裕度的方法取代实际弧形理论公式的思路，确定工程计算公式。

（2）高压电缆高落差无接头敷设工艺及相关配套施工工器具技术参数的研究。综合考虑高压电缆所受重力、牵引力、侧压力、热应力、电动力等在轴向、径向的情况，结合现场施工环境，确定输送机、卷扬机等敷设台数和位置，形成可行的电缆高落差无接头敷设工艺作业指导书，并根据高压电缆技术参数及各种力的影响，确定相关配套施工工器具的技术参数要求。

（3）高落差高压电缆固定的研究。针对高落差复杂施工运行环境（如跨河、跨铁路、桥梁等）的模型，考虑热机械应力大，瞬时短路电动力、重力等影响，综合分析模型中桥架、拉管及垂直等关键位置的特点，结合设计规范，开展热膨胀、滑移量、夹具间距以及固定方式的计算研究，从而确定关键点位置处的固定方式。

1.3.2　高压大截面电缆高落差、狭小空间"可调式适位敷设打弯"施工配套工器具的研究

结合跨越高落差以及狭小空间环境，增加规范要求的安全系数，明确研制新型工器具的技术要求，设计或改造配套的新型工器具，并结合现场应用，对新型敷设打弯工器具的结构、便携性、空间布置要求、施工中的动态受力情况等进行分析，进一步改进新型工器具结构。

1.3.3　高压大截面电缆高落差、狭小空间"可调式适位固定"施工配套工器具的研究

结合现场施工环境，综合考虑电缆安装、运行及维护需要的各种受力、电气等方

面的影响，根据敷设方式确定垂直固定方式，并研制匹配的固定金具，满足刚性、挠性固定要求，确保高压电缆线路安装、运行及维护期间的安全可靠性能。

1.3.4 高落差、多振动源环境下的高压电缆局部放电检测技术方法及综合指纹库的研究

调研高落差、多振动源环境下的高压电缆易发故障、缺陷，收资并确定其特征，制作该类真型缺陷电缆及附件标本，通过实验室检测试验分别获得各种缺陷基于脉冲电流法的综合脉冲时域及其频谱分布、各个频段的谱图、信号统计及特征分离谱图，通过分析建立统计算子，创建该类型典型缺陷局部放电指纹库；同时结合无锡及江苏其他部分地区现场实测数据，获得现场高压钠灯、噪声、电晕干扰典型干扰局部放电特征数据，作为该局部放电指纹库的补充。通过局部放电指纹库的应用，解决单纯依赖检测人员经验对信号进行识别带来的对检测人员经验要求高、分析耗时长、工作效率低的问题。

1.3.5 复杂多振动源检测方法及振动应力监测设备的研究

针对高压电缆线路高落差的不同环境，研制基于振动形式、振幅、振动频率的振动及应力监测系统，监测收集相关数据，结合长距离、大截面、高落差的高压电缆线路的运行特点及所收集的试验数据进行相关计算，分析高落差环境下的振动及应力对电缆运行的影响方式和程度，提出防振建议和措施，从建设源头做好质量管控。

2 | 高落差高压电缆工程概况和设计

近年来，高铁等配套高压电缆线路建设工程日益增长，路径存在不少区域的高落差，该类型工程电缆线路供电范围广、负荷容量大，供电可靠性要求极高，一旦发生故障，其故障检修非常耗时且成本很高，社会影响大，造成的经济损失影响巨大，因此非常有必要对这类电缆线路在设计施工检测等各个建设施工环节开展系统的研究应用，从而提高其运行可靠性，为区域社会经济发展提供坚强的供电保障。本章以 220kV 长江变电站-无锡东牵引站工程为例对高落差高压电缆工程的设计进行介绍。

2.1 高落差高压电缆工程概况

为确保无锡高铁东站的可靠供电，建设 220kV 长江变电站—无锡东牵引站电缆线路。该工程共 2 回线路，一回电缆线路自长江变电站 220kV GIS 终端（安装在气体绝缘封闭开关设备内部以六氟化硫气体为外绝缘的电缆终端）至牵引站侧，另一回电缆线路自长江变电站 220kV GIS 终端至香楠变电站侧，电缆路径长度均为 10km；全线通道包含电缆夹层、电缆沟、涵洞、顶管隧道、排管、沉井、非开挖拉管、桥架、直埋等各类型，户外终端头 6 只，GIS 终端 6 只，中间接头 192 只，工程共有 9 个较高的落差段，其具体情况如表 2-1 所示。

表 2-1 　　　　　　　　高落差通道类型及敷设方式的统计分析表

序号	跨越项目	跨越高度（最高点至最低点）	通 道 类 型	长度	敷设方式	备 注
1	河流	约 15.5m	左侧顶部为距离地面－2.5m 电缆沟涵，通过约 45°斜坡沟涵与距离地面约－18m 的底部直径为 2.4m 的圆形顶管隧道的沉井沟通	约 365m	下降法＋上引回拖法	受变电站侧现场环境限制，采用沉井下降法入隧道后，再通过上引法回抽至电缆沟涵

序号	跨越项目	跨越高度（最高点至最低点）	通 道 类 型	长度	敷设方式	备 注
2	河流（8号井）	约22.5m	左侧为至地面约—25m位置的2.4m的圆形顶管隧道，进入距离地面—2.5m的电缆沟涵	约268m	下降法	具备单段电缆下降法敷设的条件
3	跨国道公路	约32.65m（7+2.5/2+22+2.4）	顶部距离地面—2.5m的高2m的电缆沟涵通过40～60m非开挖拉管与距离地面—2.5m的高2m、宽8m的电缆井相连，该井与通过一段约45°、一段60°的斜坡沟涵与底部距离地面+7m高、高3.5m的电缆桥架相连，经过116m电缆桥架，通过沉井与顶部距离地面—22m的电缆隧道相连	约350m	连续法	具备进行单段电缆连续敷设的条件
4	跨铁路	约30.65m（12+2.4+5+2.5/2）	（1）由距离地面—2.5m的电缆沟涵通过45°斜坡沟涵与距地面—12m的直径为2.4m的顶管隧道的竖井接通，经过85m隧道，通过竖井与45°斜坡沟涵连接至距地面5m的桥架，通过750m的桥架。（2）桥架对侧通过45°斜坡沟涵与距离地面—2.5m的电缆沟涵连接。（3）电缆沟涵与约80m水平排管过渡	（1）约350m+350m；（2）约350m	（1）从右向左下降法+高端水平敷设。（2）从左向右下降法	从高点向两侧敷设电缆，中间敷设一段水平电缆，在桥架上制作两组接头
5	跨机场道路21井	约12.75m（2+2.5+7+2.5/2）	顶部距离地面—2.5m、高2m的电缆沟涵通过45°斜坡沟涵进入顶部距离地面约7m高、50m长的电缆桥架，然后通过45°斜坡沟涵与顶部距离地面—2.5m、高2m的电缆沟涵相连	约260m	连续法	具备进行单段电缆连续敷设的条件
6	跨航运河流	约10.75m（2+2.5+5+2.5/2）	顶部距离地面—2.5m、高2m的电缆沟涵通过45°斜坡沟涵进入底部距离地面5～7m、长90m、	约250m	连续法	具备进行单段电缆连续敷设的条件

序号	跨越项目	跨越高度（最高点至最低点）	通 道 类 型	长度	敷设方式	备 注
6	跨航运河流	约 10.75m（2＋2.5＋5＋2.5/2）	高 3.5m 的跨河电缆桥架，然后通过 45°斜坡沟涵与顶部距离地面－2.5m、高 2m 的电缆沟涵相连	约 250m	连续法	具备进行单段电缆连续敷设的条件
7	跨环太湖高速公路	约 12.75m（2＋2.5＋7＋2.5/2）	顶部距离地面－2.5m、高 2m 的电缆沟涵通过 45°斜坡沟涵进入约 7m 高、60m 长的电缆桥架，然后通过 45°斜坡沟涵与顶部距离地面－2.5m、高 2m 的电缆沟涵相连	约 300m	连续法	具备进行单段电缆连续敷设的条件
8	跨河流和道路	约 12.75m（2＋2.5＋7＋3.5/2）	顶部距离地面－2.5m、高 2m 的电缆沟涵通过 45°斜坡沟涵进入约 7m 高、530m 长的电缆桥架，然后通过 45°斜坡沟涵与顶部距离地面－2.5m、高 2m 的电缆沟涵相连	约 310m	连续法	具备进行单段电缆连续敷设的条件
9	跨河流	约 10.75m（2＋2.5＋5＋3.5/2）	（1）顶部距离地面－2.5m、高 2m 的电缆沟涵通过约 45°斜坡沟涵进入约 5m 高、530m 长的电缆桥架；（2）然后通过 45°斜坡沟涵与顶部距离地面－2.5m、高 2m 的电缆沟涵相连	（1）约 320m；（2）约 350m	（1）从右向左下降法；（2）从左向右下降法	从高点向两侧敷设电缆，在桥架上制作一组接头

2.2 高落差高压电缆工程设计

220kV 长江变电站—无锡东牵引站电缆工程共有 9 个较高的落差段，这是电缆敷设施工的难点，本节介绍这种连续敷设方式在不同通道组合的狭小、复杂高落差通道环境下的设计。

2.2.1 设计原则

（1）该电缆较高落差的通道形式包含"乁形"，"几形"，且涉及的高落差通道形式多样，含有隧道、电缆沟、涵洞、沉井、非开挖拉管、桥架等各种形式。

（2）220kV 大截面电缆考虑到运输的质量，一般段长在 350m 左右，应尽量用足该长度，从而减少电缆接头。

（3）针对"乛形"的较高落差通道，可采取传统的下降法进行敷设。

（4）针对"几形"的较高落差通道，当桥架较长，无法进行单段敷设，必须采用接头连接时，敷设工艺优先采用下降法。

（5）针对"几形"的较高落差通道，当涉及高落差通道的长度可确保桥架不放置接头时，优先采用连续敷设方式，避免将电缆接头布置在高处桥架上，从而提高今后的运维质量和效率。

（6）优化方案应因地制宜，结合现场实际情况进行方案优化，如落差点由于受到变电站侧 1 号涵洞入口场地的限制，无法放置电缆盘，所以改变了在 1 号涵洞高处往 2 号隧道低处敷设的传统下降法，而是采取在环境合适的 2 号电缆隧道入口先通过下降法进行敷设，然后再通过从隧道向涵洞回抽的上引法。

（7）较高落差的敷设通道组合方式形式多样，需要考虑不同通道组合对牵引力、侧压力、弯曲半径、热机械应力、电动力的影响，应结合不同通道形式进行研究，确保敷设的质量和效率。

2.2.2 不同通道组合敷设形式

本工程针对有涵洞、非开挖拉管、桥架、隧道的复杂高落差设计敷设形式如图 2-1 所示。

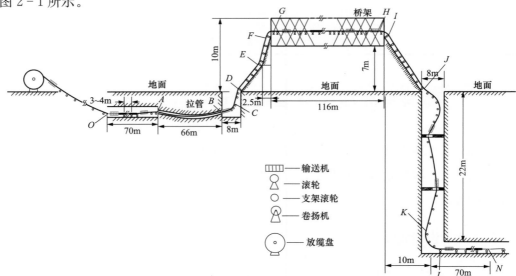

图 2-1 有涵洞、非开挖拉管、桥架、隧道的复杂高落差设计敷设形式

其中，拉管段的设计形式如图 2－2 所示，竖井采用三段式敷设方式如图 2－3 所示。

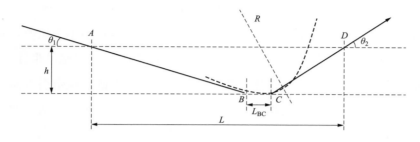

图 2－2　拉管段示意图

2.2.3　敷设方式

（1）拉管段：拉管小于 43m 时，设计采用全输送＋人工收牵引绳的方式（拉管输送机控制箱、卷扬机同步总控箱可独立操作）；拉管在大于 43m 小于 107m 时，设计采用卷扬机＋输送机的方式（拉管输送机分控箱、卷扬机总控箱同步），在采取了增大输送功率、控制牵引力、侧压力的其他方法情况下，拉管段在卷扬机＋输送机的方式

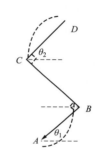

图 2－3　竖井三段式示意图

下输送更长距离，但建议不要超过 200m，若更长的话，需要进行特别计算，采取更严格的控制手段。

（2）拉管、上坡涵洞、桥架和下坡涵洞敷设：设计采用卷扬机＋输送机的方式（输送机、卷扬机同步）。

（3）进入沉井段落，刚开始重力影响不大，随着深度的增加，自重影响加大，设计布置适当输送机（该处为独立控制箱，可同步，也可异步反向），防止电缆因自重而坠落，损伤电缆。

（4）隧道内布置适当输送机，设计采用卷扬机＋输送机的方式。

2.2.4　高落差连续敷设的弯曲半径和敷设方向

（1）高落差连续敷设的弯曲半径。电缆在制造运输和安装施工中，总会发生弯曲。弯曲时，电缆外侧被拉伸，内侧被挤压。由于电缆材料和结构特性，电缆承受弯曲有一定的限度，过度的弯曲，将造成绝缘层和护套的损伤，甚至使该段电缆完全破坏。因此，电缆敷设时应根据电缆绝缘材料和护层结构不同，将电缆外径控制在

《电力电缆线路设计施工手册》规定的最小弯曲半径内。厂家提供的 220kV 2500mm² 电缆的外径 D 为 151mm，根据设计规范，塑料绝缘电缆有铠装单芯电缆的最小弯曲半径为 $20D＝20×151＝3020$（mm），即弯曲半径不应小于 3m。

在施工前应做好对现场实际测量和计算，保持其弯曲半径不小于该值，并且在敷设过程中严格加以监视，防止发生由于弯曲半径过小而损伤电缆绝缘的事件。

（2）高落差连续敷设的方向选择。敷设时，应选择合理的敷设牵引方向，一般从地理位置高的一端向较低的一端敷设；从平直方向向弯曲方向敷设；从场地平坦、运输方便的一端向另一端敷设。

图 2-1 中，一是桥架左侧通道高度整体高于桥架右侧，二是左侧具有拉管段，与该段落连接的工作井较短，无法布置更多的输送机从而减小初始牵引力和侧压力，因此，从拉管左侧向拉管右侧输送，将获得相对较小的初始牵引力和侧压力，因此，综合比较后，推荐采用图 2-1 的高落差连续敷设方向为涵沟→拉管→工作井→斜坡涵沟→桥架→斜坡涵沟→沉井→隧道（从左向右）。

因此，推荐图 2-1 所示的连续敷设原则除上述规定外，建议从电缆盘敷设首端接近拉管侧向对侧敷设。

3 | 高落差电缆敷设技术的研究

敷设技术是电缆高落差工程中的最要组成部分。在 220kV 长江变电站—无锡东牵引站工程的技术研究中，重点对敷设模型、牵引力计算、敷设方式、固定方式进行研究。

3.1　高落差电缆敷设模型的建立

根据表 2-1 所示 9 个较高落差区域的特征，本节对通道复杂具有难度的、超过 30m 的高落差情况进行特征归纳，以高落差 3 点为基础，部分区域根据调研的普遍情况给予一定取值范围，得出典型的综合通道模型，作为下一步的研究对象。通过对高落差电缆敷设模型进行分析，确定连续敷设工艺方法原则和相关简化计算方式，从而便于指导该类工程的实践应用，具体如图 3-1 所示。

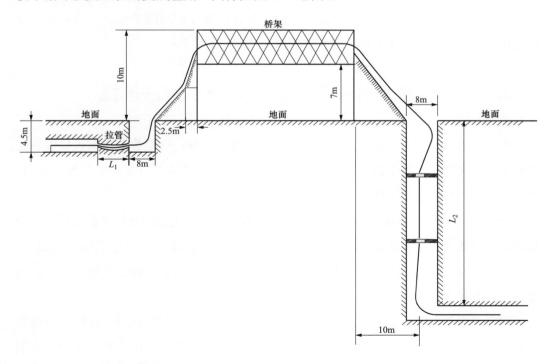

图 3-1　带有涵洞、非开挖拉管、桥架、隧道的复杂高落差（$L_2 \geqslant 30m$）通道模型

通过归纳得出，高落差电缆敷设模型的主要特征及难点如下：

（1）L_2取值范围为15～30m。高落差电缆敷设模型段落具有超过30m的落差，且需满足单段连续敷设的通道条件。针对该特征，开展电缆选型、布置优化、防振及相关敷设工器具等方面的研究，并提供相应的设计、施工优化建议，提供相适应的便携式工器具。

（2）L_1取值范围为20～200m。高落差电缆敷设模型段落具有较长的非开挖拉管长度和狭小的相连工井。当前非开挖拉管的工程牵引力、侧压力简化计算公式尚没有相关经验，通过高落差电缆敷设模型计算分析研究，提供可用于工程应用的牵引力、侧压力简化计算公式和敷设方法建议；较长的非开挖拉管在极限负荷等情况下的热机械应力大，在短路异常情况下出口电动力也大，而传统的伸缩节不适用于狭小的连接工井（6～10m），应建立方便、适用的拉管热应力、电动力计算程序，确定科学合理的固定方式，并研制可针对环境空间大小进行调节的热应力释放和电动力固定的装置，从而确保该段电缆在敷设过程中以及今后的运维阶段可靠运行。

（3）电缆沉井具有2层限制孔位，垂直弧形敷设往往会受到限制孔位影响。该类影响较为普遍，其牵引力、侧压力的工程简化计算公式没有相关经验，通过研究，提供可用于工程应用的牵引力、侧压力简化计算公式和方法。通过电缆自重、电动力等的计算，确认科学合理的固定夹具技术参数，开展针对性的高落差固定夹具研制，提供相应的固定夹具，并提供相应的验收依据。

3.2 模型各部分牵引力计算和牵引方法选择

电缆的敷设有人力、机械、人力和机械混合敷设3种，机械敷设根据机械设备是否同步又分为同步、异步敷设两种方法，根据敷设工器具的出力方式又分为全牵引、全输送、牵引与输送相结合的方法。

由于220kV/2500mm²电缆的质量重、造价高，长距离电缆的更换维护周期长、费用高，一旦敷设不当，如过大牵引力及侧压力造成电缆敷设损伤将造成很大的损失，所以，一般敷设时，应尽可能减小卷扬机牵引力的拉力，而通过输送机输送、卷扬机带方向的方式进行敷设。

对于高落差电缆敷设模型，涉及了拉管敷设和高落差段落的敷设，往往全输送模式难以满足现场要求，此时应通过技术经济比较计算，确定输送机个数和位置，兼顾减小卷扬机牵引力和现场输送机布置等达到技术经济最优化。

考虑到高落差电缆敷设模型敷设较为复杂的段落主要为拉管段落、高落差段落，下面对该两段落进行重点研究。

3.2.1　拉管段落的牵引方式

1. 拉管敷设的模型建立和理论公式推导

目前，现有手册中的"电缆线路各部分牵引力计算公式"中对于任意拉管敷设路径轨迹的牵引力没有公式可以参考；现有的来自于工程实际的近似估算法需要有理论计算依据来确定裕度。因此，开展拉管与竖井段牵引力计算的模型简化研究与计算公式求解，为今后相关的工程应用奠定理论基础。

典型的大截面电缆拉管敷设轨迹如图 3-2 所示，根据大截面电缆水平定向敷设轨迹，可将高压大截面电缆轴向的拉力分解为弧线部分（过渡段）、斜线部分（入射段）和直线部分（水平段）3 段分别进行计算，求取所需要的最大牵引力，下面推导拉管敷设典型轨迹模型的计算公式。

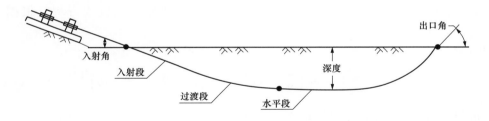

图 3-2　拉管敷设轨迹示意图

设计算已知基本条件：入射段入射角为 θ，过渡段弧半径为 R，实际敷设深度为 h，电缆单位长度质量为 W。

（1）拉管弧线部分模型。

模型条件 1：敷设深度大于过渡段高度，即 $h > R\left[1 - \sin\left(\dfrac{\pi}{2} - \theta\right)\right]$ 首先建立模型，如图 3-3 所示。

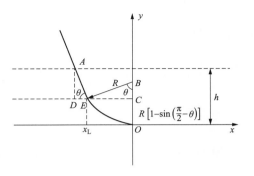

图 3-3　模型条件 1 单侧示意图

如图 3-3 所示，分别作 AD、DC 线段，E 点为过渡段与入射段切点，根据图 3-3 中关系，CO 段高度为

$$X_{\mathrm{L}} = R\left[1 - \sin\left(\frac{\pi}{2} - \theta\right)\right] \qquad (3-1)$$

轨迹模型如下：

1）如图 3-3 所示，当模型轨迹的横坐标 $x \in \left[-R\cos\left(\frac{\pi}{2} - \theta\right), \ R\cos\left(\frac{\pi}{2} - \theta\right)\right]$ 时，显然 $f(x)$ 满足图 3-3 所示半径为 R 的圆方程，即

$$h > R\left[1 - \sin\left(\frac{\pi}{2} - \theta\right)\right] \tag{3-2}$$

2）当 $x \in \left[-\infty, \ R\cos\left(\frac{\pi}{2} - \theta\right)\right]$ 时，显然 $f(x)$ 满足直线方程，图 3-3 中 E 点坐标为

$$\left\{ -R\cos\left(\frac{\pi}{2} - \theta\right), \quad R\left[1 - \sin\left(\frac{\pi}{2} - \theta\right)\right]\right\} \tag{3-3}$$

因此，图 3-3 中入射段直线方程为

$$f(x) = R\left[1 - \sin\left(\frac{\pi}{2} - \theta\right)\right] - \tan\theta\left[x + R\cos\left(\frac{\pi}{2} - \theta\right)\right] \tag{3-4}$$

3）当 $x \in \left[R\cos\left(\frac{\pi}{2} - \theta\right), \ +\infty\right]$ 时，为对称的 y 轴另一侧直线方程，根据 2）可得

$$f(x) = R\left[1 - \sin\left(\frac{\pi}{2} - \theta\right)\right] + \tan\theta\left[x - R\cos\left(\frac{\pi}{2} - \theta\right)\right] \tag{3-5}$$

可归纳图示模型条件 1 单侧轨迹模型为

$$f(x) = \begin{cases} R\left[1 - \sin\left(\frac{\pi}{2} - \theta\right)\right] + \tan\theta\left[x - R\cos\left(\frac{\pi}{2} - \theta\right)\right] & x \in \left[R\cos\left(\frac{\pi}{2} - \theta\right), +\infty\right] \\ R - \sqrt{R^2 - x^2} & x \in \left[-R\cos\left(\frac{\pi}{2} - \theta\right), R\cos\left(\frac{\pi}{2} - \theta\right)\right] \\ R\left[1 - \sin\left(\frac{\pi}{2} - \theta\right)\right] - \tan\theta\left[x + R\cos\left(\frac{\pi}{2} - \theta\right)\right] & x \in \left[-\infty, -R\cos\left(\frac{\pi}{2} - \theta\right)\right] \end{cases}$$

$$\tag{3-6}$$

模型条件 2：敷设深度小于过渡段高度，即 $h < R\left[1 - \sin\left(\frac{\pi}{2} - \theta\right)\right]$ 模型如图 3-4 所示，轨迹模型满足圆方程，即

$$f(x) = R - \sqrt{R^2 - x^2} \tag{3-7}$$

（2）模型各部分牵引力计算。

1）弧度部分（过渡段）。对于如图 3-4 所示弧度部分上任一点，计算如下：

轨迹模型为

$$f(x) = R - \sqrt{R^2 - x^2}$$

轨迹切线为

$$y = kx$$

$$k = f'(x) = \frac{x}{\sqrt{R^2 - x^2}} = \frac{F_t}{F_n}$$

式中　F_t——轨迹切向相量；

　　　F_n——轨迹法向相量。

对图 3-5 所示弧形轨迹，任取微元，则 $\mathrm{d}x$ 段重力为

$$9.8W \cdot \mathrm{d}x \cdot \frac{R}{\sqrt{R^2 - x^2}} = 9.8W \frac{R}{\sqrt{R^2 - x^2}} \mathrm{d}x$$

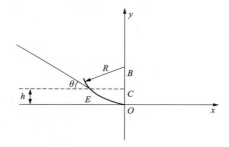

图 3-4　模型条件 2 单侧示意图

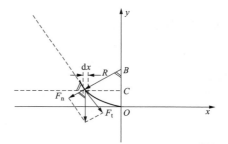

图 3-5　弧度部分拉力计算示意图

其切向分量（电缆轴向分量）为

$$F_t = 9.8W \frac{R}{\sqrt{R^2 - x^2}} \mathrm{d}x \cdot \frac{X}{R} = 9.8W \frac{X}{\sqrt{R^2 - x^2}} \mathrm{d}x \qquad (3-8)$$

其法向分量为

$$F_n = 9.8W \frac{R}{\sqrt{R^2 - x^2}} \mathrm{d}x \cdot \frac{\sqrt{R^2 - x^2}}{R} = 9.8W \mathrm{d}x \qquad (3-9)$$

F_n 处的摩擦力 μ 为

$$\mu_{F_n} = 9.8\mu W \mathrm{d}x \qquad (3-10)$$

计算弧线部分所需要的总拉力。

约定计算模型轨迹上下限如下：

a. 当满足模型条件 1，即 $h > R\left[1 - \sin\left(\frac{\pi}{2} - \theta\right)\right]$ 时，如图 3-3 所示，则

$$x_L = x_R = R\cos\left(\frac{\pi}{2} - \theta\right) \qquad (3-11)$$

17

b. 当满足模型条件 2，即 $h < R\left[1 - \sin\left(\dfrac{\pi}{2} - \theta\right)\right]$ 时，如图 3-4 所示。

图 3-6 中，对于单侧模型，则

$$x_L = \sqrt{(2t)^2 - (h_L)^2} = \sqrt{\left[2R\sin(\alpha/2)\right]^2 - (h_L)^2} \qquad (3-12)$$

式中　α——图 3-6 所示的夹角。

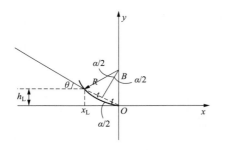

图 3-6　模型条件 2 单侧计算示意图

又因为

$$R \cdot \sin(\alpha/2) = t \qquad (3-13)$$

$$2t \cdot \sin\left(\frac{\alpha}{2}\right) = h_L \qquad (3-14)$$

$$2R \cdot \sin^2(\alpha/2) = h_L \qquad (3-15)$$

所以可得模型轨迹积分上下限为

$$x_L = \sqrt{2Rh_L - (h_L)^2} \qquad (3-16)$$

若用角度 α_L 表示，即

$$
\begin{aligned}
\alpha_L &= 2 \cdot \arctan\frac{h_L}{x_L} = 2 \cdot \arctan\frac{h_L}{\sqrt{2Rh_L - (h_L)^2}} \\
&= 2 \cdot \arctan\sqrt{\frac{h_L}{2R - h_L}}
\end{aligned} \qquad (3-17)
$$

同理，对于另一侧可得

$$x_R = \sqrt{2Rh_R - (h_R)^2} \qquad (3-18)$$

若用角度 α_R 表示，即

$$\alpha_R = 2 \cdot \arctan\sqrt{\frac{h_R}{2R - h_R}} \qquad (3-19)$$

因此可以计算：

弧线下行部分所需要的总拉力为

$$F_1 = \int_{-x_L}^{0} 9.8\mu W \mathrm{d}x - \left|\int_{-x_L}^{0} 9.8W\,\frac{x}{\sqrt{R^2 - x^2}}\mathrm{d}x\right|$$

$$F_1 = 9.8\mu W x_L - 9.8WR + 9.8W\sqrt{R^2 - x_L^2} \qquad (3-20)$$

弧线上行部分所需要的总拉力为

$$F_2 = \int_{0}^{x_R} 9.8\mu W \mathrm{d}x + \left|\int_{x_R}^{0} 9.8W\,\frac{x}{\sqrt{R^2 - x^2}}\mathrm{d}x\right|$$

$$F_2 = 9.8\mu W x_R + 9.8WR - 9.8W\sqrt{R^2 - x_R^2} \qquad (3-21)$$

2）斜面牵引（入射段）：斜面牵引满足模型条件 1，即 $h > R\left[1 - \sin\left(\dfrac{\pi}{2} - \theta\right)\right]$，

如图 3 - 3 所示。此时电缆的重力为

$$9.8W\left\{h-R\left[1-\sin\left(\frac{\pi}{2}-\theta\right)\right]\right\}\cdot\csc\theta \qquad (3-22)$$

a. 下行时所需拉力为

$$F_3=9.8W\left\{h-R\left[1-\sin\left(\frac{\pi}{2}-\theta\right)\right]\right\}\cdot\csc\theta\cdot(\mu\cos\theta-\sin\theta) \qquad (3-23)$$

b. 上行时所需拉力为

$$F_4=9.8W\left\{h-R\left[1-\sin\left(\frac{\pi}{2}-\theta\right)\right]\right\}\cdot\csc\theta\cdot(\mu\cos\theta+\sin\theta) \qquad (3-24)$$

3）水平拉力（水平段）：设单侧敷设长度为 L。

a. 当满足模型条件 1，即 $h>R\left[1-\sin\left(\frac{\pi}{2}-\theta\right)\right]$ 时，如图 3 - 3 所示，单侧水平拉力为

$$F_5=9.8\mu W\left\{L-R\cos\left(\frac{\pi}{2}-\theta\right)\left\{h_L-R\left[1-\sin\left(\frac{\pi}{2}-\theta\right)\right]\right\}\right\}\Big/\tan\theta \qquad (3-25)$$

b. 当满足模型条件 2，即 $h>R\left[1-\sin\left(\frac{\pi}{2}-\theta\right)\right]$ 时，如图 3 - 4 所示，单侧水平拉力为

$$F_5=9.8\mu W\left[L-\frac{h_L}{\tan(\alpha/2)}\right]=9.8\mu W\left(L-\sqrt{2Rh_L-h_L^2}\right) \qquad (3-26)$$

（3）拉管敷设 4 种典型轨迹模型的综合拉力计算。对于实际中不同的拉管敷设情况，根据上述各部分斜线、弧线、水平拉力分析计算，可以计算出大截面高压电缆在不同长度、不同轨迹模型的拉管中敷设时所需要的最大牵引力。

1）当敷设两端都满足模型条件 1，即 $h>R\left[1-\sin\left(\frac{\pi}{2}-\theta\right)\right]$ 时，如图 3 - 7 所示，电缆由左侧进入右侧拉出，则综合拉力为

$$T=F_1+F_2+F_3+F_4+F_5 \qquad (3-27)$$

式中　F_1——弧线下行拉力；

　　　F_2——弧线上行拉力；

　　　F_3——水平拉力；

　　　F_4——斜线下行拉力；

　　　F_5——斜线上行拉力。

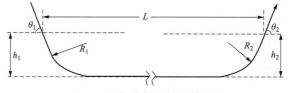

图 3 - 7　拉管敷设轨迹模型 1

根据前面分析计算公式，结合图 3 - 7，可得

$$F_4=9.8W\left\{h_1-R_1\left[1-\sin\left(\frac{\pi}{2}-\theta_1\right)\right]\right\}\cdot\csc\theta_1\cdot(\mu\cos\theta_1-\sin\theta_1) \qquad (3-28)$$

$$F_1 = 9.8\mu W R_1 \cos\left(\frac{\pi}{2} - \theta_1\right) - 9.8\mu W R_1$$

$$+ 9.8W\sqrt{R_1^2 - \left[R_1\cos\left(\frac{\pi}{2} - \theta_1\right)\right]^2} \tag{3-29}$$

$$F_3 = 9.8\mu W \left\{L - R_1\cos\left(\frac{\pi}{2} - \theta_1\right) - R_2\cos\left(\frac{\pi}{2} - \theta_2\right) - \left\{h_1 - R_1\left[1 - \sin\left(\frac{\pi}{2} - \theta_1\right)\right]\right\}\right/$$

$$\tan\theta_1 - \left\{h_2 - R_2\left[1 - \sin\left(\frac{\pi}{2} - \theta_2\right)\right]\right\}\bigg/\tan\theta_2\bigg\} \tag{3-30}$$

$$F_2 = 9.8\mu W R_2\cos\left(\frac{\pi}{2} - \theta_2\right) + 9.8W R_2 - 9.8W\sqrt{R_2^2 - \left[R_2\cos\left(\frac{\pi}{2} - \theta_2\right)\right]^2} \tag{3-31}$$

$$F_5 = 9.8W\left\{h_2 - R_2\left[1 - \sin\left(\frac{\pi}{2} - \theta_2\right)\right]\right\} \cdot \csc\theta_2 \cdot (\mu\cos\theta_2 + \sin\theta_2) \tag{3-32}$$

2）当敷设两端都满足模型条件 2，即 $h < R\left[1 - \sin\left(\frac{\pi}{2} - \theta\right)\right]$ 时，如图 3-8 所示，电缆由左侧进入右侧拉出，则综合拉力为

$$T = F_1 + F_2 + F_3 \tag{3-33}$$

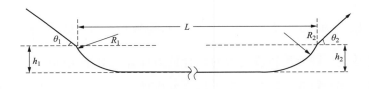

图 3-8　拉管敷设轨迹模型 2

根据前面分析计算公式，结合图 3-8，可得

$$\begin{aligned}
F_1 &= 9.8\mu W\sqrt{2R_1 h_1 - h_1^2} - 9.8W R_1 + 9.8W\sqrt{h_1^2 - 2R_1 h_1 + h_1^2} \\
&= 9.8\mu W\sqrt{2R_1 h_1 - h_1^2} - 9.8W R_1 + 9.8W\sqrt{(R_1 - h_1)^2} \\
&= 9.8\mu W\sqrt{2R_1 h_1 - h_1^2} - 9.8W h_1
\end{aligned} \tag{3-34}$$

$$F_3 = 9.8\mu W(L - \sqrt{2R_1 h_1 - h_1^2} - \sqrt{2R_2 h_2 - h_2^2}) \tag{3-35}$$

$$\begin{aligned}
F_2 &= 9.8\mu W\sqrt{2R_2 h_2 - h_2^2} + 9.8W R_2 - 9.8W\sqrt{R_2^2 - 2R_2 h_2 + h_2^2} \\
&= 9.8\mu W\sqrt{2R_2 h_2 - h_2^2} + 9.8W R_2 - 9.8W\sqrt{(R_2 - h_2)^2} \\
&= 9.8\mu W\sqrt{2R_2 h_2 - h_2^2} + 9.8W h_2
\end{aligned} \tag{3-36}$$

3）当入射端满足模型条件 1，即 $h < R\left[1 - \sin\left(\frac{\pi}{2} - \theta\right)\right]$ 时；而出射端满足模型条

件 2，即 $h < R\left[1 - \sin\left(\dfrac{\pi}{2} - \theta\right)\right]$ 时，
如图 3-9 所示，电缆由左侧进入右
侧拉出，则综合拉力为

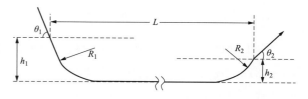

图 3-9　拉管敷设轨迹模型 3

$$T = F_4 + F_1 + F_3 + F_2 \qquad (3-37)$$

根据前面分析计算公式，可得

$$F_4 = 9.8W\left\{h_1 - R_1\left[1 - \sin\left(\frac{\pi}{2} - \theta_1\right)\right]\right\} \cdot \csc\theta_1 \cdot (\mu\cos\theta_1 - \sin\theta_1) \qquad (3-38)$$

$$F_1 = 9.8\mu WR_1\cos\left(\frac{\pi}{2} - \theta_1\right) - 9.8WR_1 + 9.8W\sqrt{R_1^2 - \left[R_1\cos\left(\frac{\pi}{2} - \theta_1\right)\right]^2} \qquad (3-39)$$

$$F_3 = 9.8\mu W\left\{L - R_1\cos\left(\frac{\pi}{2} - \theta_1\right) - \left\{h_1 - R_1\left[1 - \sin\left(\frac{\pi}{2} - \theta_1\right)\right]\right\}\right/\tan\theta_1 - \sqrt{2R_2h_2 - h_2^2}\right\}$$
$$(3-40)$$

$$F_2 = 9.8\mu W\sqrt{2R_2h_2 - h_2^2} + 9.8Wh^2 \qquad (3-41)$$

4）当入射端满足模型条件 2，即 $h < R\left[1 - \sin\left(\dfrac{\pi}{2} - \theta\right)\right]$ 时；而出射端满足模型条件 1，即 $h > R\left[1 - \sin\left(\dfrac{\pi}{2} - \theta\right)\right]$ 时，如图 3-10 所示，电缆由左侧进入右侧拉出，则综合拉力为

$$T = F_1 + F_3 + F_2 + F_5 \qquad (3-42)$$

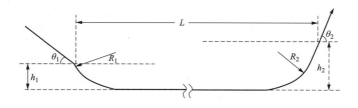

图 3-10　拉管敷设轨迹模型 4

根据前面分析计算公式，可得

$$F_1 = 9.8\mu W\sqrt{2R_1h_1 - h_1^2} - 9.8Wh_1 \qquad (3-43)$$

$$F_3 = 9.8\mu W\left\{L - \sqrt{2R_1h_1 - h_1^2} - R_2\cos\left(\frac{\pi}{2} - \theta_2\right) - \left\{h_2 - R_2\left[1 - \sin\left(\frac{\pi}{2} - \theta_2\right)\right]\right\}\right/\tan\theta_2\right\}$$
$$(3-44)$$

$$F_2 = 9.8\mu WR_2\cos\left(\frac{\pi}{2} - \theta_2\right) + 9.8WR_2 - 9.8W\sqrt{R_2^2 - \left[R_2\cos\left(\frac{\pi}{2} - \theta_2\right)\right]^2} \qquad (3-45)$$

$$F_5 = 9.8W\left\{h_2 - R_2\left[1 - \sin\left(\frac{\pi}{2} - \theta_2\right)\right]\right\} \cdot \csc\theta_2 \cdot (\mu\cos\theta_2 + \sin\theta_2) \quad (3-46)$$

综上分析，对于拉管敷设的各种情形的综合拉力计算都可以按照上述推导出的式（3-43）～式（3-46）直接计算得出。具体要参照实际敷设方案中给出的敷设轨迹模型计算，得出大截面高压电缆在不同长度、不同形态的拉管中敷设时所需要的最大牵引力。

而电缆的最大允许牵引力为

$$T_m = \sigma A \quad (3-47)$$

式中　　σ——导体允许的牵引强度，N/mm^2；铜导体为 68.6，铝导体为 39.2，铅护套为 10，铝护套为 20，塑料护套为 7。

A——电缆导体截面，mm^2。

由此，可以推导出不同截面的电缆，在各种轨迹类型的拉管下，允许的最长拉管长度。此外，为了确保电缆的拉力不超过限定值，可以设定一个安全系数。

2. 拉管敷设的工程简化模型和公式推导

如果考虑将拉管敷设两端弧线用斜直线段近似代替，可以简化计算。下面以拉管敷设轨迹模型 1 与拉管敷设轨迹模型 2 两种情况为例进行分析。

（1）拉管敷设轨迹模型 1。以图 3-7 的对称拉管敷设轨迹模型 1 为例，简化轨迹模型如图 3-11 所示，图中的拉管弧线部分由斜直线代替。

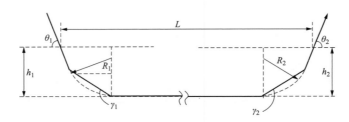

图 3-11　拉管敷设轨迹模型 5

综合拉力可按照式（3-23）计算得出，考虑简化情况，则弧线部分受力改为斜面牵引分析，式（3-2）各部分可计算得出

$$F_4 = 9.8W\left\{h_1 - R_1\left[1 - \sin\left(\frac{\pi}{2} - \theta_1\right)\right]\right\} \cdot \csc\theta_1 \cdot (\mu\cos\theta_1 - \sin\theta_1) \quad (3-48)$$

$$F_1 = 9.8W\sqrt{\left[R_1\cos\left(\frac{\pi}{2} - \theta_1\right)\right]^2 + \left\{R_1\left[1 - \sin\left(\frac{\pi}{2} - \theta_1\right)\right]\right\}^2} \cdot (\mu\cos\gamma_1 - \sin\gamma_1)$$

$$\quad (3-49)$$

$$= 9.8R_1W\sqrt{2\left[1 - \sin\left(\frac{\pi}{2} - \theta_1\right)\right]} \cdot (\mu\cos\gamma_1 - \sin\gamma_1)$$

$$F_3 = 9.8\mu W \left[L - R_1 \cos\left(\frac{\pi}{2} - \theta_1 \right) - R_2 \cos\left(\frac{\pi}{2} - \theta_2 \right) \right]$$

$$- \left\{ h_1 - R_1 \left[1 - \sin\left(\frac{\pi}{2} - \theta_1 \right) \right] \right\} / \tan\theta_1 \qquad (3-50)$$

$$- \left\{ h_2 - R_2 \left[1 - \sin\left(\frac{\pi}{2} - \theta_2 \right) \right] \right\} / \tan\theta_2$$

$$F_2 = 9.8 R_2 W \sqrt{2\left[1 - \sin\left(\frac{\pi}{2} - \theta_2 \right) \right]} \cdot (\mu\cos\gamma_2 + \sin\gamma_2) \qquad (3-51)$$

$$F_5 = 9.8 W \left\{ h_2 - R_2 \left[1 - \sin\left(\frac{\pi}{2} - \theta_2 \right) \right] \right\} \cdot \csc\theta_2 \cdot (\mu\cos\theta_2 + \sin\theta_2) \qquad (3-52)$$

$$\gamma_1 = \arctan \frac{1 - \sin\left(\frac{\pi}{2} - \theta_1 \right)}{\cos\left(\frac{\pi}{2} - \theta_1 \right)}$$

$$\gamma_2 = \arctan \frac{1 - \sin\left(\frac{\pi}{2} - \theta_2 \right)}{\cos\left(\frac{\pi}{2} - \theta_2 \right)}$$

（2）拉管敷设轨迹模型 2。以图 3-8 的对称拉管敷设轨迹模型 2 为例，简化轨迹模型如图 3-12 所示，图 3-12 中的拉管弧线部分由斜直线代替。

图 3-12　拉管敷设轨迹模型 2 简化示意图

综合拉力可按照式（3-50）计算得出，考虑图 3-12 简化情况，则弧线部分受力改为斜面牵引分析，式（3-50）各部分可计算得出

$$F_1 = 9.8 W \sqrt{h_1^2 + \left(\sqrt{2R_1 h_1 - h_1^2} \right)^2} \cdot (\mu\cos\gamma_1 - \sin\gamma_1)$$
$$= 9.8 \sqrt{2R_1 h_1}\, W (\mu\cos\gamma_1 - \sin\gamma_1) \qquad (3-53)$$

$$F_3 = 9.8\mu W \left(L - \sqrt{2R_1 h_1 - h_1^2} - \sqrt{2R_2 h_2 - h_2^2} \right) \qquad (3-54)$$

$$F_2 = 98 W \sqrt{h_2^2 + \left(\sqrt{2R_2 h_2 - h_2^2} \right)^2} \cdot (\mu\cos\gamma_2 + \sin\gamma_2)$$
$$= 9.8 \sqrt{2R_2 h_2}\, W (\mu\cos\gamma_2 + \sin\gamma_2) \qquad (3-55)$$

$$\gamma_1 = \arctan \sqrt{\frac{h_1}{2R_1 - h_1}}$$

$$\gamma_2 = \arctan \sqrt{\frac{h_2}{2R_2 - h_2}}$$

（3）拉管敷设斜线段近似公式与弧线公式之间的关系。下面以图 3-8 中的弧线下行段为例，证明斜线近似公式与弧线公式之间的关系。

对于斜线近似公式，有

$$
\begin{aligned}
F_1 &= 9.8R_1W\sqrt{2\left[1-\sin\left(\frac{\pi}{2}-\theta_1\right)\right]}\cdot(\mu\cos\gamma_1-\sin\gamma_1)\\
&= 9.8WR_1\sqrt{2\left[1-\sin\left(\frac{\pi}{2}-\theta_1\right)\right]}\cdot\cos\gamma_1(\mu-\tan\gamma_1)\\
&= 9.8WR_1\sqrt{2\left[1-\sin\left(\frac{\pi}{2}-\theta_1\right)\right]}\cdot\sqrt{\frac{1}{\tan^2\gamma_1+1}}(\mu-\tan\gamma_1)\\
&= 9.8WR_1\sqrt{2\left[1-\sin\left(\frac{\pi}{2}-\theta_1\right)\right]}\\
&\quad\cdot\sqrt{\frac{\cos^2\left(\frac{\pi}{2}-\theta_1\right)}{2\left[1-\sin\left(\frac{\pi}{2}-\theta_1\right)\right]}}\frac{\mu\cos\left(\frac{\pi}{2}-\theta_1\right)-1+\sin\left(\frac{\pi}{2}-\theta_1\right)}{\cos\left(\frac{\pi}{2}-\theta_1\right)}\\
&= 9.8WR_1\left[\mu\cos\left(\frac{\pi}{2}-\theta_1\right)-1+\sin\left(\frac{\pi}{2}-\theta_1\right)\right]
\end{aligned}
\tag{3-56}
$$

对于弧线近似公式，有

$$
\begin{aligned}
F_1 &= 9.8\mu WR_1\cos\left(\frac{\pi}{2}-\theta_1\right)-9.8WR_1+9.8W\sqrt{R_1^2-\left[R_1\cos\left(\frac{\pi}{2}-\theta_1\right)\right]^2}\\
&= 9.8WR_1\mu\cos\left(\frac{\pi}{2}-\theta_1\right)-9.8WR_1+9.8WR_1\sqrt{1-\cos^2\left(\frac{\pi}{2}-\theta_1\right)}\\
&= 9.8WR_1\left[\mu\cos\left(\frac{\pi}{2}-\theta_1\right)-1+\sin\left(\frac{\pi}{2}-\theta_1\right)\right]
\end{aligned}
\tag{3-57}
$$

同理也可证明，对拉管弧线上行部分采用斜线近似计算与弧线计算拉力也相等。根据上述证明可以看出，拉管斜线近似拉力计算公式与弧线拉力计算公式之间是基本等效的。

3. 全输送（人工收牵引）方式下的拉管敷设

（1）电缆敷设长度计算。对于如图 3-7～图 3-10 4 种拉管敷设轨迹模型，地下敷设电缆总长度 LC 可以分别计算如下：

1）拉管敷设轨迹模型 1。敷设电缆总长度为

$$
L_C = L_{C1}+L_{C2}+L_{C3}+L_{C4}+L_{C5}
\tag{3-58}
$$

式中 　L_{C1}——斜线下行长度；

　　　L_{C2}——弧线下行长度；

　　　L_{C3}——水平长度；

L_{C4}——弧线上行长度；

L_{C5}——斜线上行长度。

根据前面分析计算公式，结合图 3 - 7，可得

$$L_{C1} = \left\{ h_1 - R_1 \left[1 - \sin\left(\frac{\pi}{2} - \theta_1\right) \right] \right\} \cdot \csc\theta_1 \qquad (3-59)$$

$$L_{C2} = \frac{\theta_1}{\pi} \cdot \pi R_1 = R_1 \theta_1 \qquad (3-60)$$

$$L_{C3} = L - R_1 \cos\left(\frac{\pi}{2} - \theta_1\right) - R_2 \cos\left(\frac{\pi}{2} - \theta_2\right) - \left\{ h_1 - R_1 \left[1 - \sin\left(\frac{\pi}{2} - \theta_1\right) \right] \right\} \Big/$$
$$\tan\theta_1 - \left\{ h_2 - R_2 \left[1 - \sin\left(\frac{\pi}{2} - \theta_2\right) \right] \right\} \Big/ \tan\theta_2 \qquad (3-61)$$

$$L_{C4} = R_2 \theta_2 \qquad (3-62)$$

$$L_{C5} = \left\{ h_2 - R_2 \left[1 - \sin\left(\frac{\pi}{2} - \theta_2\right) \right] \right\} \cdot \csc\theta_2 \qquad (3-63)$$

2）拉管敷设轨迹模型 2。敷设电缆总长度为

$$L_C = L_{C2} + L_{C3} + L_{C4} \qquad (3-64)$$

根据前面分析计算公式，结合图 3 - 8，可得

$$L_{C2} = \frac{\alpha_1}{\pi} \cdot \pi R_1 = R_1 \alpha_1 = R_1 \cdot 2\arctan\sqrt{\frac{h_1}{2R_1 - h_1}} = 2R_1 \arctan\sqrt{\frac{h_1}{2R_1 - h_1}} \qquad (3-65)$$

$$L_{C3} = L - \sqrt{2R_1 h_1 - h_1^2} - \sqrt{2R_2 h_2 - h_2^2} \qquad (3-66)$$

$$L_{C4} = 2R_2 \arctan\sqrt{\frac{h_2}{2R_2 h_2}} \qquad (3-67)$$

3）拉管敷设轨迹模型 3。敷设电缆总长度为

$$L_C = L_{C1} + L_{C2} + L_{C3} + L_{C4} \qquad (3-68)$$

根据前面分析计算公式，结合图 3 - 9，可得

$$L_{C1} = \left\{ h_1 - R_1 \left[1 - \sin\left(\frac{\pi}{2} - \theta_1\right) \right] \right\} \cdot \csc\theta_1 \qquad (3-69)$$

$$L_{C2} = R_1 \theta_1 \qquad (3-70)$$

$$L_{C3} = L - R_1 \cos\left(\frac{\pi}{2} - \theta_1\right) - \left\{ h_1 - R_1 \left[1 - \sin\left(\frac{\pi}{2} - \theta_1\right) \right] \right\} \Big/ \tan\theta_1 - \sqrt{2R_2 h_2 - h_2^2} \qquad (3-71)$$

$$L_{C4} = 2R_2 \arctan\sqrt{\frac{\theta_2}{2R_2 - h_2}} \qquad (3-72)$$

4）拉管敷设轨迹模型 4。敷设电缆总长度为

$$L_C = L_{C2} + L_{C3} + L_{C4} + L_{C5} \tag{3-73}$$

根据前面分析计算公式，结合图 3-10，可得

$$L_{C2} = 2R_1 \arctan \sqrt{\frac{h_1}{2R_1 - h_1}} \tag{3-74}$$

$$L_{C3} = L - \sqrt{2R_1h_1 - h_1^2} - R_2\cos\left(\frac{\pi}{2} - \theta_2\right) - \left\{h_2 - R_2\left[1 - \sin\left(\frac{\pi}{2} - \theta_2\right)\right]\right\}\bigg/\tan\theta_2$$

$$\tag{3-75}$$

$$L_{C4} = R_2\theta_2 \tag{3-76}$$

$$L_{C5} = \left\{h_2 - R_2\left[1 - \sin\left(\frac{\pi}{2} - \theta_2\right)\right]\right\} \cdot \csc\theta_2 \tag{3-77}$$

（2）全输送方式下的拉管敷设。根据当前普遍的拉管轨迹，（如图 3-13 所示）建立如下模型，下面分析拉管敷设入射角与出射角在 30°~60° 之间变化，拉管段长度在 30~300m 之间变化时的牵引力变化规律。

根据实际拉管敷设轨迹图，考虑工程现场施工情况，可建立本书拉管段敷设轨迹模型，如图 3-2 所示。

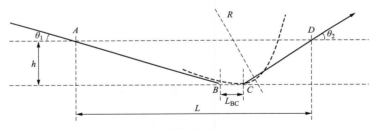

图 3-13　拉管敷设轨迹模型简化示意图

图中，h 为拉管段敷设深度，θ_1 和 θ_2 分别为电缆敷设入射角和出射角；拉管敷设主要有入射斜线段、过渡弧线段、出射斜线段三部分，由于过渡弧线半径较大，可以将过渡弧线 BC 段近似按照水平直线段 L_{BC} 处理，因此对拉管段可以按照图示 $AB - BC - CD$ 3 段式近似处理，各部分计算如下：

拉管入射段 AB 为

$$T_{AB} = 9.8Wh(\mu\cos\theta_1 - \sin\theta_1)/\sin\theta_1 \tag{3-78}$$

在 A 点考虑 8kN 输送机出力实际情况按照 80% 处理，则 $T_A = 6$，得

$$T_B = 9.8Wh(\mu\cos\theta_1 - \sin\theta_1)/\sin\theta_1 - T_A \tag{3-79}$$

拉管水平段 BC 为

$$T_{BC} = 9.8\mu WL_{BC} = 9.8\mu W[L - h(\cot\theta_1 + \cot\theta_2)] \tag{3-80}$$

C 点牵引力为

$$T_{C} = 9.8\mu W[L - h(\cot\theta_1 + \cot\theta_2)] + T_{B} \tag{3-81}$$

拉管出射段 CD 为

$$T_{CD} = 9.8Wh(\mu\cos\theta_2 + \sin\theta_2)/\sin\theta_2 \tag{3-82}$$

D 点牵引力为

$$T_{D} = 9.8Wh(\mu\cos\theta_2 + \sin\theta_2)/\sin\theta_2 + T_{C} \tag{3-83}$$

可见：将电缆拉管公式简化为 $AB - BC - CD$ 的 3 段直线式，此时计算将大大简化，但该简化后，其与理论公式的差距有多少需要验算，从而确定简化的裕度系数。

（3）裕度系数计算。电缆单位长度重量 $W = 38\text{kg/m}$，电缆敷设深度 $h = 5\text{m}$，摩擦系数 $\mu = 0.4$，电缆入口设置 8.0kN 输送机，电缆敷设入射角 $\theta_1 = 30°$，电缆敷设出射角 $\theta_2 = 60°$，电缆敷设水平距离在 $30 \sim 300\text{m}$ 间变化时，水平段距离为 $L_{AB} = 8.66\text{m}$，$L_{CD} = 2.89\text{m}$，水平段距离 L_{BC} 在 $18.45 \sim 288.45\text{m}$ 之间变化，规律如图 3-14 所示。

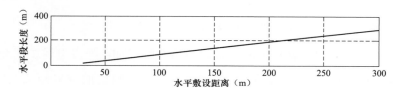

图 3-14　敷设距离与长度关系图

在 8.0kN 输送机作用下，电缆输送到 B 点，$T_{B} = -6972\text{kN}$，电缆在 C、D 点牵引力随输送距离变化如图 3-15 所示。

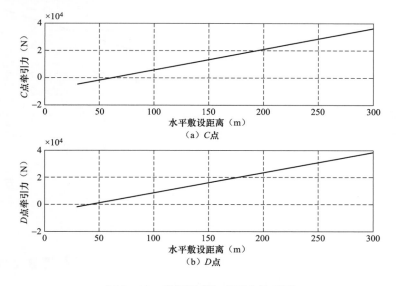

（a）C 点

（b）D 点

图 3-15　敷设距离与牵引力关系图

从结果分析，采用 8kN 全输送情况下，电缆临界输送距离 $L=43$m。此时电缆可以按照全输送模式达到 D 点，而工程上经验估算 $L=43$m 到达 D 点时需要牵引力为

$$9.8 \times 0.4 \times 38 \times 43 \times 1.4 - 6400 = 2567.4 \text{（N）}$$

（4）输送与牵引相结合的方式的下的拉管敷设。对于更长距离的拉管段输送，应当分析拉管在出口段侧压力变化规律确定"输送＋牵引"施工敷设临界距离。按照 GB 50168—2006《电缆线路施工及验收规范》，电缆最小转弯半径为 20D，分析 D 点侧压力可得图 3-16。

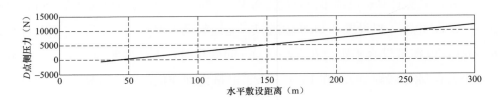

图 3-16　敷设距离与侧压力关系图

由图 3-16 可见，D 点侧压力随着敷设距离线性增加，考虑电缆护层允许最大侧压力为 3kN，则从图 3-16 可以看出，"输送＋牵引"敷设的临界距离为 107m，如图 3-17 所示。

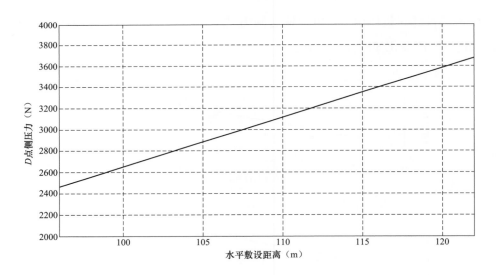

图 3-17　敷设距离与侧压力关系图

通过上述计算研究可见，全输送（人工收牵引）方式下的拉管敷设最大长度为 43m，输送与牵引相结合的方式的下的拉管敷设最大长度为 107m。

因此，推荐在拉管段，43m 范围内拉管敷设优先采用全输送、人工收牵引钢丝绳

的方式，在107m范围内采取输送与牵引相结合的方式。

上述结论，是在输送机按0.8进行打折计算的，实际施工中出力会大，且通过减小摩擦力（可从0.4降至0.2）等办法，可获得更长的拉管敷设长度，一般推荐不大于200m。

3.2.2 高落差段落的牵引方式

高落差段敷设时，为防止电缆由于自身重力而自由下落，提出2种方案。

方案一：采用专用固定装置固定电缆，沉井上端设卷扬机方向牵引的全牵引敷设方式。即电缆由地面进入沉井前，在沉井上端设卷扬机一台。钢丝绳一端与电缆牵引头固定，另一端与卷扬机连接，并每隔一段距离（约5m）用专用固定装置将电缆与钢丝绳固定一次。电缆敷设至竖井后，利用卷扬机由下向上对竖井内的电缆进行反向牵引，保持反向牵引力与电缆自身重力平衡，牵引电缆就可以随着钢丝绳一起缓慢进入竖井，如图3-18所示。

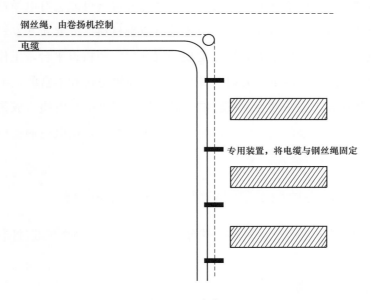

图 3-18 方案一

方案二：沉井内适当放置输送机，当上端电缆沟内电缆输送机将电缆向下输送至竖井内垂直放置的输送机后，竖井内输送机在输出牵引力的同时将电缆夹紧，防止电缆因自身惯性而突然坠落，如图3-19所示。

对比这两种方案，方案一省时省力，缺点一是吊点的滑轮所承受的力太大，电缆的质量为38kg/m，30m的质量约1.14t，一旦滑轮承受不了这么大的力，电缆将失去

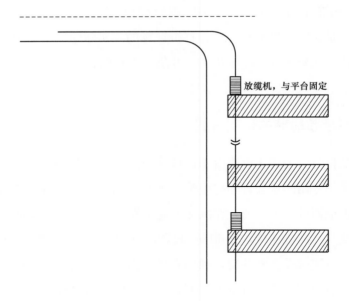

图 3-19　方案二

控制；二是电缆与钢丝绳之间的固定装置由于电缆的自重可能会对电缆造成伤害，而且钢丝绳与电缆特殊专用卡具的配合固定还没有成型材料，需要新开发。方案二优点是多台输送机控制，安全性更好，缺点是现场沉井内需要搭设平台，工作量较大。考虑到自身优势，作为专业的电缆公司，具有充足电缆输送机和丰富的电缆输送机布置和操作经验，相比较方案一在卷扬机力的控制、钢丝绳可能对电缆造成伤害及滑轮承受力为不可控制等有较多的安全隐患，所以选定了方案二，用电缆输送机的方案进行沉井敷设。

3.2.3　高落差连续敷设全程的牵引装置控制箱布置

为了使电缆敷设更为安全，针对上述分析，将卷扬机、输送机通过同步的总控箱、分控箱来控制。

针对该模型，可分成不同的操作区段：

（1）拉管小于 43m 时，采用全输送＋人工收牵引绳的方式（拉管输送机控制箱、卷扬机同步总控箱可独立操作）；拉管在大于 43m 小于 107m 时，采用卷扬机＋输送机的方式（拉管输送机分控箱、卷扬机总控箱同步），在采取了增大输送功率、控制牵引力、侧压力的其他方法情况下，拉管段在卷扬机＋输送机的方式下输送更长距离，但建议不要超过 200m，若更长的话，需要进行特别计算，采取更严格的控制手段。

（2）拉管、上坡涵洞、桥架和下坡涵洞敷设，采用卷扬机＋输送机的方式（输送机、卷扬机同步）。

（3）进入沉井段落，刚开始重力影响不大，随着深度的增加，自重影响加大，应布置适当输送机（该处为独立控制箱，可同步，也可异步反向），防止电缆自重坠落损伤电缆。

（4）隧道内布置适当输送机，采用卷扬机＋输送机的方式。

拉管输送机控制箱的作用是可独立进行不长的拉管段的独立操作，也可与卷扬机同步操作。

竖井内的输送机控制箱的作用是由于高落差电缆重力的作用，水平段和竖直段的电缆输送机不能同步，敷设速度稍有偏差，由此会产生竖井下口的电缆会出现很大余量，而竖井上口的电缆又绷得很紧的情况，尤其是在电缆输送机启动和停止的时候，因为竖直段的电缆受到一个沿敷设方向的重力，而水平段的电缆没有受到沿敷设方向的力，造成了这种情况。为了解决该问题，通过控制竖井内输送机的控制箱，如当沉井上口电缆的侧压力较大时，断开沉井下方与隧道内水平段电缆输送机的分控箱电源，竖井内输送机独立控制箱控制电缆短时间反方向启动，从而收回沉井下口电缆的余度，解决沉井上口电缆侧压力过大的问题。

1. 高落差连续敷设的牵引力、侧压力计算简化公式研究

（1）带中间限位的弧形垂直敷设牵引力、侧压力模型及公式（弧线式）。带中间限位的弧形垂直敷设原理图如图 3-20 所示。

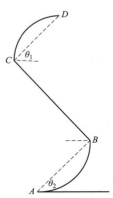

图 3-20 带中间限位的弧形垂直敷设原理图

设

W——电缆单位长度重量，kg/m；

R——电缆弯曲半径，m；

μ——滑轮摩擦系数；

L——电缆竖井敷设长度，m；

L_{BC}——电缆竖井敷设 BC 段长度，m。

将现场实际转换为模型图，其计算公式如下：

DC 段为

$$T_C = \frac{9.8WR}{1+\mu^2}\left[2\mu\sin\theta - (1-\mu^2)(\mathrm{e}^{\mu\theta} - \cos\theta)\right] + T_D\mathrm{e}^{\mu\theta} \qquad (3-84)$$

其中，$\theta = \frac{\pi}{2}$，$T_D = 0$，则

$$T_C = \frac{9.8WR}{1+\mu^2}\left[2\mu - (1-\mu^2)e^{\mu\frac{\pi}{2}}\right] \tag{3-85}$$

CB 段为

$$T_B = T_C + 9.8\sqrt{2}WL_{BC}\left(\mu\cos\frac{\pi}{4} - \sin\frac{\pi}{4}\right) \tag{3-86}$$

BA 段为

$$T_A = T_B e^{\mu\theta} - \frac{9.8WR}{1+\mu^2}\left[(1-\mu^2)\sin\theta + 2\mu(e^{\mu\theta} - \cos\theta)\right] \tag{3-87}$$

$$\theta = \frac{\pi}{2} \tag{3-88}$$

$$T_A = T_R e^{\mu\frac{\pi}{2}} - \frac{9.8WR}{1+\mu^2}\left[(1-\mu^2) + 2\mu e^{\mu\frac{\pi}{2}}\right] \tag{3-89}$$

（2）带中间限位的弧形垂直敷设牵引力、侧压力工程简化公式（3 段折线式）。

为了减少工程计算工作量，将弧形简化，其计算公式为 3 段折线式。

DC 段为

$$T_C = \frac{9.8WR}{\sin\theta}(\mu\cos\theta - \sin\theta) + T_D \tag{3-90}$$

$T_D = 0$ 为

$$T_C = \frac{9.8WR}{\sin\theta}(\mu\cos - \sin\theta) \tag{3-91}$$

CB 段为

$$T_B = T_C + 9.8\sqrt{2}WL_{BC}\left(\mu\cos\frac{\pi}{4} - \sin\frac{\pi}{4}\right) \tag{3-92}$$

BA 段为

$$T_A = \frac{9.8WR}{\sin\theta}(\mu\cos\theta - \sin\theta) + T_B \tag{3-93}$$

一般情况下，3 层的沉井高度为 15～30m，R 的取值范围为 5～10m，实际公式与简化公式的比较可见图 3-21。

通过上述计算研究，有效得出了理论公式与工程简化公式的系数比值，通过设置安全系数为 1.56，可得出实用的工程简化公式（通过附录编制成 Excel 计算表格，便于今后工程的快速计算应用）。

（3）减小牵引力、侧压力的方式。根据设计规范，220kV 2500mm² 大截面电缆的牵引力不得超过 $70 \times 2500 = 175kN/mm^2$，通过滑轮组敷设侧压力不得超过 2kN/m，滑板侧压力不得超过 3kN/m。

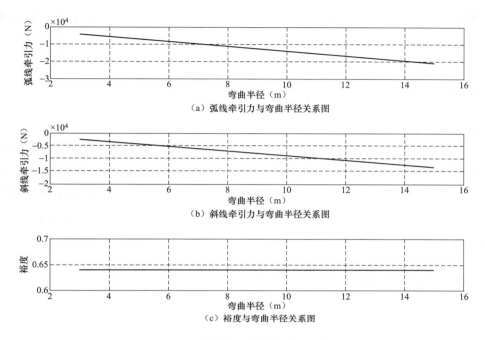

图 3-21 实际公式与简化公式比较图

通过式（3-90）～式（3-93）的工程简化公式，可对高落差段落内的电缆敷设牵引力、侧压力进行计算，并通过以下方式来减小牵引力、侧压力，使其满足设计规范要求。

1）减小牵引过程中的各种阻力，是限制和减小牵引力的一种有效方法。如在敷设电缆的沿线合理布置滑轮来减小摩擦阻力；在管壁和电缆之间、电缆轴和支架之间等易接触摩擦的地方涂润滑剂来减小摩擦力。

2）安装良好的联动控制装置，卷扬机牵引速度应与各电缆输送机速度保持一致。速度是否同步是保证电缆敷设质量的关键，两者的微小差别会通过输送机直接反映到电缆的外护层上，应确保全线牵引设备在整个敷设电缆过程中保持匀速。

3）敷设条件许可时，最好的方法是采用电缆输送即将牵引力分散到多个点上。

4）在上下坡度及拐弯较多的地方，要严格控制牵引力，过快的牵引或输送都会在电缆内侧或外侧产生过大的侧压力，而 XLPE（交联聚乙烯）绝缘电缆外护层为 PVC（聚氯乙烯）或 PE（聚乙烯）材料制成，当采用滑轮组敷设，侧压力大于 $2kN/m^2$ 时，就会对外护层产生损伤。此时，可适当放慢牵引速度，确保转弯半径满足要求，必要时增加滑轮组以减小侧压力。

2. 高落差连续敷设的扭力处理

当盘在卷扬机上的钢丝绳放开时，牵引绳本身会产生扭力，如果直接与牵引头或钢丝网套连接，会将此扭力传递到电缆上，使电缆受到不必要的附加应力，故必须在它们之间串联一个防捻器。

3.3 高落差高压电缆的蛇形敷设

电缆蛇形敷设是一种为了吸收电缆的热膨胀而将电缆布置成波浪形的电缆敷设方式，由于采用这种方式敷设后的电缆像一条行进中的蛇而得名为蛇形敷设。由于波浪形的连续分布，电缆的热膨胀也均匀地被每个波形宽度所吸收而不会集中在线路的某一局部，从而使电缆的热膨胀弯曲得到控制。本书开展电缆线路热膨胀分析和计算，作为优化长距离大截面超高压电缆线路蛇形敷设几何尺寸的重要理论依据。

3.3.1 电缆热膨胀的计算公式

电缆线路蛇形敷设及热膨胀分析示意图如图 3-22 所示。

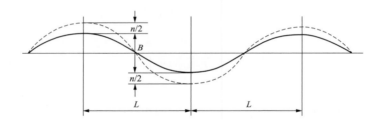

图 3-22 电缆线路蛇形敷设及热膨胀分析示意图

（1）热伸缩量的计算。电缆线路轴向热膨胀量 m 简易计算可参考式（3-94），即

$$m = \alpha t L \tag{3-94}$$

式中 m——电缆线路热膨胀量，mm；

　　α——电缆线路热膨胀系数，1/℃；

　　t——电缆线路导体温升，℃；

　　L——蛇形长度的 1/2，mm。

热伸缩量的详细计算如下：

当 $t \leqslant \dfrac{1}{AE_\alpha}(\mu WL + 2f)$ 时，热伸缩量 m 的计算公式为

$$m = \frac{(AE\alpha t - 2f)^2}{4\mu WEA} \tag{3-95}$$

当 $t > \dfrac{1}{AE_\alpha}(\mu WL + 2f)$ 时，m 的计算公式为

$$m = \frac{L}{2}\left[\alpha t - \frac{1}{AE}\left(\frac{\mu WL}{2} + 2f\right)\right] \tag{3-96}$$

式中　t——导体的温升，℃；

　　　A——导体截面，mm^2；

　　　E——电缆的杨氏模量，N/mm^2；

　　　α——电缆的热膨胀系数，1/℃；

　　　μ——摩擦系数；

　　　L——电缆长度，mm；

　　　f——电缆的反作用力，N；

　　　W——电缆单位长度的重量，N/mm。

（2）轴向伸缩推力的计算。针对水平敷设的电缆线路，当导体温度下降时，其蛇形弧轴向力 F_{h1} 可参考式（3-97）进行理论计算，即

$$F_{h1} = +\frac{\mu WL^2}{2B} \times 0.8 \tag{3-97}$$

当导体温度上升时，其蛇形弧轴向力 F_{h2} 可参考式（3-98）进行理论计算，即

$$F_{h2} = -\frac{8E_1}{B^2}\frac{\alpha\theta}{2} - \frac{8E_1}{(B+n)^2}\frac{\alpha\theta}{2} - \frac{\mu WL^2}{(B+n)} \times 0.8 \tag{3-98}$$

针对垂直敷设的电缆线路，当导体温度下降时，其蛇形弧轴向力 F_{v1} 可参考式（3-99）进行理论计算，即

$$F_{v1} = +\frac{WL^2}{2B} \times 0.8 \tag{3-99}$$

当导体温度上升时，其蛇形弧轴向力 F_{v2} 可参考式（3-100）进行理论计算，即

$$F_{v2} = -\frac{8E_1}{B^2}\frac{\alpha\theta}{2} - \frac{8E_1}{(B+n)^2}\frac{\alpha\theta}{2} + \frac{WL^2}{(B+n)} \times 0.8 \tag{3-100}$$

（3）侧向滑移量的计算。蛇形弧侧向滑移量 n 可以参考式（3-101）进行理论计算，即

$$n = \sqrt{B^2 + 1.6mL} - B \tag{3-101}$$

式（3-97）～式（3-101）中　B——蛇形弧幅，mm；

　　　　　　　　　　E_1——电缆抗弯刚性，N·mm^2；

　　　　　　　　　　α——电缆线路线性膨胀系数，1/℃；

　　　　　　　　　　θ——电缆导体温升，℃；

　　　　　　　　　　μ——电缆摩擦系数；

W——电缆线路单位重量，N/mm；

L——蛇形长度的 1/2，mm；

m——电缆热伸缩量，mm；

n——电缆幅向滑移量，mm。

"+"号是拉伸力，"-"号是压缩力。

计算中所需用到的常数如表 3-1 和表 3-2 所示。

表 3-1　　　　　　　　　　　　蛇形弧轴向力计算用常数

电缆类型	电缆的热膨胀系数 (1/℃)	电缆的反作用力 (N)	导体的温升 (℃)	电缆的杨氏模量 (N/mm²)
交联	20×10-6	1000	单芯 65	30000
			三芯扭绞 60	5000

表 3-2　　　　　　　　　　　　各种截面下电缆的质量和抗弯刚性

导体截面 (mm²)	800	1000	1200	1600	2500
理论质量 (kg/km)	17746.7	20272.5	22495.4	27294.2	36858.9
抗弯刚度 (N·mm²)	2.09×1010	2.73×1010	3.15×1010	4.29×1010	7.58×1010

3.3.2　影响电缆热膨胀的因素研究

研究影响电缆热膨胀的因素，对充分利用隧道空间，合理设计蛇形敷设参数，有着重要的意义。下面以截面为 2500mm² 的 220kV 的电缆隧道垂直蛇形排列为例，分别计算分析各个因素的影响。

（1）蛇形长度对电缆热膨胀的影响。表 3-3 和图 3-23 为取不同蛇形弧幅 B 时，隧道垂直排列电缆蛇形长度 $2L$ 分别为不同值时的蛇形轴向力 F 的大小。

表 3-3　　　　　　　　　　不同蛇形弧幅下取不同蛇形长度的轴向力大小

L(mm)	F(N)			
	B=150mm	B=180mm	B=210mm	B=240mm
1500	-29307.1	-20052.3	-14429	-10779.2
1800	-26994.3	-18273.6	-12972.2	-9538.07
2100	-24401.2	-16245.1	-11294.2	-8099.41
2400	-21577.2	-13995.6	-9413.16	-6475.56
2700	-18568.7	-11554.1	-7348.18	-4679.62
3000	-15417.4	-8948.47	-5118.34	-2725.15
3300	-12159.2	-6204.75	-2742.34	-625.815
3600	-8824.81	-3346.78	-238.139	1604.854

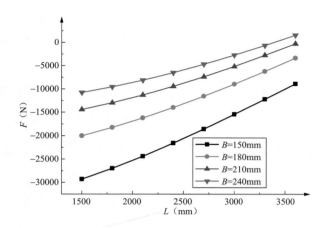

图 3-23 蛇形长度对电缆蛇形轴向力的影响

由以上计算可知：随着蛇形长度的增加，电缆蛇形轴向力变小。

蛇形长度与横向滑移量的关系如表 3-4 和图 3-24 所示。

表 3-4　　　　　　　　不同蛇形长度下的横向滑移量

L(mm)	n(mm)				
	B=150mm	B=180mm	B=210mm	B=240mm	B=270mm
1500	7.451	6.254	5.385	4.726	4.209
1800	10.618	8.940	7.711	6.776	6.040
2100	14.283	12.064	10.429	9.176	8.188
2400	18.411	15.607	13.522	11.917	10.646
2700	22.970	19.546	16.977	14.987	13.405
3000	27.926	23.857	20.776	18.375	16.457
3300	33.247	28.517	24.903	22.068	19.792
3600	38.902	33.504	29.341	26.053	23.401

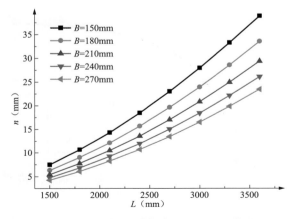

图 3-24 蛇形长度与横向滑移量的关系

由以上计算可知：随着蛇形长度 L 的增加，其横向滑移量增大，蛇形轴向力变小。因此，在设计隧道蛇形敷设时，应综合考虑横向滑移量和蛇形轴向力，选择合适的蛇形长度。

（2）蛇形弧幅对电缆热膨胀的影响。表 3-5 和图 3-25 为不同蛇形长度 L 时，隧道垂直排列电缆蛇形弧幅 B 分别取不同值时的蛇形轴向力 F 的大小。

表 3-5　　　　　　　　　不同蛇形弧幅下取不同蛇形长度的轴向力大小

B (mm)	F (N)				
	$L=1500$mm	$L=1800$mm	$L=2100$mm	$L=2400$mm	$L=2700$mm
80	−100007	−92776	−85641.1	−78781.3	−72284.2
100	−65650.9	−60978.4	−56087	−51115.2	−46161.4
120	−45979.2	−42639.4	−39011.7	−35187.6	−31243
140	−33741.9	−31165.2	−28300.3	−25207.4	−21941.3
160	−25653.6	−23553.8	−21183.4	−18583.4	−15793.2
180	−20052.3	−18273.6	−16245.1	−13995.6	−11554.1
200	−16026.6	−14477.8	−12698.6	−10710.4	−8534.77
220	−13044.4	−11668.4	−10079.4	−8293.64	−6327.68
240	−10779.2	−9538.07	−8099.41	−6475.56	−4679.62
260	−9021.75	−7889.33	−6572.78	−5081.83	−3426.98
280	−7633.42	−6590.74	−5375.7	−3996.13	−2460.53
300	−6519.46	−5552.34	−4423.26	−3138.61	−1705.38
320	−5613.43	−4710.97	−3655.78	−2453.16	−1108.92
340	−4867.67	−4021.27	−3030.4	−1899.5	−633.459
360	−4247.31	−3450.06	−2515.78	−1448.2	−251.486

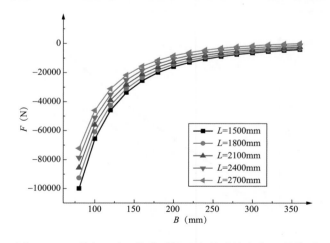

图 3-25　不同 L 时，蛇形弧幅 B 和蛇形轴向力 F 的关系

不同蛇形长度、弧幅下的横向滑移量见表3-6。

表3-6   不同蛇形长度、弧幅下的横向滑移量

B（mm）	n（mm）				
	L=1500mm	L=1800mm	L=2100mm	L=2400mm	L=2700mm
150	7.444	10.618	14.283	18.387	22.937
180	6.249	8.940	12.064	15.587	19.517
210	5.381	7.711	10.429	13.5045	16.952
240	4.722	6.776	9.176	11.901	14.965
270	4.206	6.040	8.188	10.632	13.385

蛇形弧幅与横向滑移量的关系如图3-26所示。

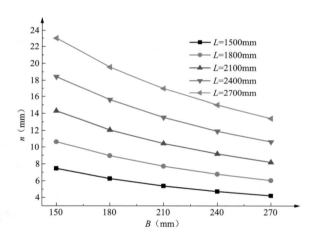

图3-26 蛇形弧幅与横向滑移量的关系

由以上计算可知：随着蛇形弧幅 B 的增加，电缆横向滑移量和蛇形轴向力越来越小，在 $B<240$mm 时，随着 B 的增加，蛇形轴向力的下降幅度很大；当 $B>240$mm 时，蛇形轴向力的下降趋势变缓。这与一般设计中，蛇形弧幅取值要求大于 $1.5D$（电缆外径）相吻合。因此，在隧道蛇形敷设时，蛇形弧幅取值大于 $1.5D$（电缆外径）可有效降低电缆因热膨胀引起的轴向力，保护固定电缆的相关辅助设施。

3.3.3 高落差高压电缆的蛇形敷设要点

（1）根据研究数据，电缆蛇形弧幅 B 在 240mm 以上时，其蛇形轴向力的下降幅度较大，当 B 小于 240mm 时，蛇形轴向力的下降趋势变缓，故一般取值都为 240mm 左右，可以有效降低轴向推力，满足电缆固定的要求。但同时电缆的蛇形长度不能太小，否则电缆打弯比较困难，无法满足施工的要求。

（2）研究中发现，随着蛇形长度的增加，电缆蛇形轴向力变小，但是电缆蛇形长度增加后，为控制电缆的轴向应力，需要增加电缆的波幅。现有电缆通道内空间有限，电缆蛇形长度太大，无法满足波幅的要求。结合工程实际，一般蛇形长度 $L/2$ 控制在 $2\sim4m$ 的范围内比较合理。

（3）电缆水平蛇形敷设轴向推力要大于垂直蛇形方式，并且施工时打弯比较困难，占用的空间也较大，故敷设多回电缆时一般宜采用垂直蛇形的敷设方式。

3.4 电缆的固定方式优化分析

电力电缆在敷设完成后应根据需要对不同区域进行固定，针对电缆的固定问题，本书分析比较了传统的刚性固定和柔性固定方法，在此基础上，设计了优化的固定方法，并通过实践应用证明了该固定方法的可靠性。

3.4.1 电缆的固定方式分类

电力电缆在敷设完成后应根据需要对不同区域进行固定，这些固定方式分为两类：即刚性固定和挠性固定，以及介于两者之间的固定方式。在实际的电缆线路上，整条电缆线路不会全部是刚性固定或是挠性固定，而大多数情况是一部分为刚性固定，另一部分为挠性固定。在刚性固定部分的线路上，线芯产生的推力与挠性部分线路上线芯的推力在数值上有很大的差异。当线芯有温升时，线芯由刚性部分向挠性部分移动，特别是当这样的相对运动在温度循环的情况下重复出现时，在刚性部分与挠性部分之间的过渡点处，这种相对运动会危及绝缘和线芯屏蔽，同时在金属护套内产生过分的疲劳应变。

1. 电缆的刚性固定

电缆的刚性固定是电缆的热膨胀位移受到约束的固定的方式。设计电缆系统刚性固定的准则如下：

（1）电缆的结构必须能耐受电缆导体和金属套的最大推力而不致受到损伤或变形。

（2）电缆附件的结构必须能耐受电缆导体和金属套的最大推力而不致受到损伤或变形。

2. 电缆的挠性固定

电缆在隧道中一般采用允许电缆在长度方向伸缩和在横向可以位移以容纳在发热时的膨胀并在冷却时收缩而恢复到原始状态的这种挠性固定方式。

为了能将电缆的横向位移控制在预先确定的限度之内而不产生过度的疲劳应变，通常将电缆的初始形状敷设成近似的正弦波形（也称蛇形），并以合适的间距用夹具固定电缆，使产生的膨胀转变为正弦波幅的增加。

在隧道内，可以有电缆在垂直平面内运动或在水平面内运动的两种挠性固定方式。

（1）电缆在垂直平面内运动的挠性固定。电缆的固定夹具间距一般较大，在夹具之间的初始偏距随温度的增加而增大。

电缆的重量由夹具支承，如果夹子的间距过大，在夹具中电缆的侧压力也过大，这将在夹具的边缘产生过分的弯曲。在实践中有如下经验公式，即

$$\delta = \frac{Wl_4}{39.2EJ} \leqslant \frac{f_0}{5} \tag{3-102}$$

式中　δ——由自重而产生的电缆的位移，m；

　　　W——电缆自重，kg/m；

　　　l——夹子间距，m；

　　　EJ——电缆的弯曲刚度，$N \cdot m^2$；

　　　f_0——初始偏距，m。

（2）电缆在水平面内运动的挠性固定。这种挠性固定系统是将电缆在水平面上敷设成正弦波形，而夹子则装在正弦曲线的节点上，如图 3-27 所示。这种夹子一般被设计成能够旋转，当电缆运行时可绕其垂直轴旋转。

采用固定夹具的长度大致与电缆外径相同，并且采用厚 3～5mm 的橡皮垫片。这种夹子必须按图 3-28 所示的合适的角度去安装。电缆因热循环产生的运动在很大程度上会受到夹子间电缆的外表面与支撑面之间的摩擦力的影响，为此应降低电缆在支撑面上运动时产生的摩擦力。使电缆只能在水平面上运动，并使空气能沿电缆周围作适当的流动以利于散热。在实践中，夹子的间距 l 为

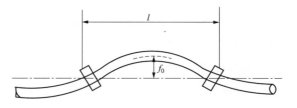

图 3-27　电缆在水平面内运动的
挠性固定系统平面图

$$l = \frac{D_e}{20} \tag{3-103}$$

式中　D_e——电缆的外径，mm。

3. 垂直通道内的电缆线路固定

在一定高度落差条件下敷设电缆时，挠性固定允许电缆在受热后膨胀，应加以控

制，使电缆发生膨胀位移时不使其金属护套产生过分的应变而缩短寿命。而刚性固定把电缆用夹子固定不能产生横向位移，线芯的膨胀全部被阻止而转变为内部压缩应力。挠性固定方式与刚性固定方式相比较，在电缆及其附件和电缆夹具上受到的机械力也比较小。在敷设电缆时要仔细选择固定的间距以使在金属护套内产生周期性的弯曲应变保持在允许限度之内。在进行高落差敷设电缆时究竟选择何种固定方式则完全根据线路上的需要和固定电缆的现场条件而定。

（1）挠性固定方式。在进行垂直高落差敷设高压电缆时一种形式采用在底部再将电缆敷设成一个自由弯头以吸收电缆的膨胀；另一种将电缆在两个相邻支架之间以垂线为基准作交替方向的偏置，形成正弦波形，于是电缆在运行时产生的膨胀将为电缆的初始曲率所吸收，就能容纳其膨胀量，因此不会使金属护套产生危险的疲劳应力。支架的间距的上限值取决于电缆在自重作用下，由电缆的下垂所形成的不匀称的曲率。一般采用的间距为 4～6m，而偏置的幅值以间距的 5％为宜。

（2）刚性固定方式。当高落差敷设采用刚性固定方式时需采用短间距密集布置的电缆夹子把电缆夹住，以阻止由于电缆自重及其热膨胀所产生的任何运动。在热机械力的作用下，相邻两个夹具之间的电缆不应产生纵弯曲现象，以防止在金属护套上产生严重的局部应力。对于皱纹铝套电缆，对于大导体截面电缆在热膨胀时产生压缩力的主要部分是线芯。

在采用刚性固定的垂直敷设的线路上，必须考虑在末端的线芯上产生的总推力，特别是当线芯与金属护套之间较松时，在自重作用下电缆线芯与金属护套之间还会产生相对运动，在高落差底部附近的附件可能会受到很大的热机械力的作用。

根据电缆线路的设计规范，在高落差连续敷设模型中固定方式应遵循以下几点原则：

1）高压大截面电缆线路在桥架上应采取蛇形固定方式。桥架位置长期承受伸缩变化，在桥架两端可装设伸缩装置，伸缩装置内侧采用挠性固定，外侧采取刚性固定，以确保桥架伸缩的释放。

2）拉管段（超过一定距离）连接隧道段应采取热应力释放的固定方式，拉管段连接工井段应采取热应力释放的固定方式，吸收拉管段的热膨胀及热应力等。

3）在垂直竖井段高位转弯处应采用不少于 2 处刚性固定，垂直竖井段内应考虑自重及热应力电动力影响，宜采用蛇形敷设或两端大弧度弯曲的固定方式，吸收热膨胀和热应力等。

经分析，对该模型主要需要研究以下几点问题：①拉管段与隧道及工井连接段的固定方式；②垂直竖井段的固定方式。

3.4.2 电缆的优化固定

1. 拉管通道内电缆的热膨胀与滑移量的计算

在高落差连续敷设模型中既有长距离的桥架敷设，也有较长距离的拉管敷设，当 $220kV$ $2500mm^2$ 的电缆由于导体温升产生的电缆线路热膨胀，电缆线路本身自重向下产生的垂直重力、电缆本体与电缆支架之间因摩擦而产生的反向摩擦力等，所形成的合力可以分解为电缆线路轴向伸缩推力和侧向滑移推力。由于电缆线路负荷变化导致导体温升变化时，沿电缆线路轴向产生机械应力 F，F 与电缆导体温度 θ 和电缆线路热膨胀系数 α 有关。当伸缩推力和滑移推力足够大时，电缆线路接头、终端、金属护层以及电缆附属设施可能被损坏，引发电缆线路运行故障。

为了及时有效地吸收热膨胀量，电缆线路通常采取水平蛇形敷设或者垂直蛇形敷设。电缆线路理论热膨胀量、轴向伸缩推力和侧向滑移量可以依据计算得出。

（1）热伸缩量的计算如下：

当 $t \leqslant \dfrac{1}{AE\alpha}(\mu WL + 2f)$ 时，热伸缩量 m 的计算公式为

$$m = \frac{(AE\alpha t - 2f)^2}{4\mu WEA} \tag{3-104}$$

当 $t > \dfrac{1}{AE\alpha}(\mu WL + 2f)$ 时，热伸缩量 m 的计算公式为

$$m = \frac{L}{2}\left[\alpha t - \frac{1}{AE}\left(\frac{\mu WL}{2} + 2f\right)\right] \tag{3-105}$$

（2）滑移量的计算如下：

蛇形弧横向滑移量 n 理论计算公式为

$$n = \sqrt{B^2 + 1.6mL} - B \tag{3-106}$$

式中　B——蛇形弧幅，mm；

　　　m——电缆热伸缩量，mm；

　　　L——蛇形长度的 $1/2$，mm。

对于拉管段考虑电缆长度分别为 20、100m 和 200m，导体温升为 50℃情况下，拉管中的蛇形弧幅较小取为 50mm，计算的热膨胀和滑移量结果见表 3-7。

表 3-7　　　　　　　　　　　热膨胀和滑移量结果

半个蛇形长度	mm	10000	50000	100000
导体截面	mm²	2500	2500	2500

电缆的杨氏模量	N/mm²	30000	30000	30000
电缆的线膨胀系数	1/℃	0.00002	0.00002	0.00002
摩擦系数		0.3	0.3	0.3
电缆单位长度的重量	kg/km	38000	38000	38000
电缆单位长度的重量	N/mm	0.38	0.38	0.38
电缆的反作用力	N	1000	1000	1000
对比参数		2.09	5.13	8.93
导体的温升	℃	70	70	70
当 t 大于对比参数时：电缆的热伸缩量	mm	6.83	33.38	64.87
蛇形弧幅	mm	50	50	50
当 t 大于对比参数时：电缆横向滑移量	mm	142.15	792.49	1585.99

通过上述计算，可见拉管越长，热机械力和横向滑移量越大；温升越大，热机械力和横向滑移量越大，需要结合实际设计能满足技术要求的热机械力释放装置。

2. 垂直段电缆的滑移量与夹具间距的计算

对于在垂直敷设段的电缆重量较重，但热伸缩轴向力不大，可每隔数米（一般垂直敷设的电缆支架的间距为 3m）设置一个夹具能紧握电缆重量和热伸缩轴向力。当热伸缩轴向力很大时，可用蛇形敷设来降低热伸缩轴向力。为便于选择和确定高落差连续敷设模型中的垂直路径上的电缆线路应采取的固定方法，对电缆在直线敷设或蛇形敷设时所确定的夹具间距或夹具数量进行了计算。

（1）对于垂直段的电缆，温度变化时电缆的轴向力和蛇行弧幅向的滑移量计算。

1）温度上升电缆伸长时为

$$F_{a1} = + \frac{8EI}{(B+n)^2} \frac{\alpha t}{2} \tag{3-107}$$

2）温度下降电缆收缩时为

$$F_{a2} = - \frac{8EI}{B^2} \frac{\alpha t}{2} \tag{3-108}$$

3）滑移量为

$$n = \sqrt{B^2 + 1.6\alpha t L^2} - B \tag{3-109}$$

式中　EI——电缆弯曲刚性，N·mm²；

　　　B——蛇行弧幅宽，mm；

　　　n——向蛇行弧幅向的滑移量，mm；

　　　α——电缆的线膨胀系数，1/℃；充油电缆取 16.5×10^{-6}，交联电缆取

20.0×10^{-6}；

t——温升，℃。

（2）垂直敷设直线方式多点固定夹具安装间距计算式为

$$L_1\leqslant\frac{F}{WS_f}\qquad\qquad(3-110)$$

式中　L_1——夹具安装间距，m；

F——夹具对电缆的紧握力，N；

W——两夹具间的电缆重量，N/m；

S_f——安全系数，取$\geqslant4$。

高落差连续敷设模型中的垂直路径上的电缆线路直线敷设时电缆夹具的安装间距计算结果见表3-8~表3-10。

表3-8　　　　　　　　　　电缆夹具的安装间距

夹具对电缆的握紧力（N）	3000	安全系数	4
两夹具间的电缆重量（N/m）	380	最大夹具安装间距（m）	1.98

高落差连续敷设模型中的垂直路径上的电缆线路蛇形敷设时的电缆热伸缩轴向力及所需夹具数量的计算。

表3-9　　　　　　　　　　电 缆 热 伸 缩 轴 向 力

蛇形弧幅宽（mm）	200	电缆弯曲刚性（N·mm²）	72700000000
导体的线膨胀系数（1/℃）	0.00002	温度上升时蛇形弧的轴向力（N）	7270
导体的温升（℃）	50	温度下降时蛇形弧的轴向力（N）	−7270
蛇形弧两端的夹具间距（m）	3		

表3-10　　　　　　　　　电缆夹具数量计算相关参数

温度上升时蛇形弧的轴向力（N）	7300	夹具对电缆的握紧力（N）	2000
温度下降时蛇形弧的轴向力（N）	−7300	上顶部位所需夹具数-温度上升电缆伸长时（支）	1.56
上顶末端夹具分担的电缆重量（N）	3800	上顶部位所需夹具数-温度下降电缆收缩时（支）	−1.56
下底末端夹具分担的电缆重量（N）	380	下底部位所需夹具数-温度上升电缆伸长时（支）	4.03
电缆单位长度重量（N/m）	380	下底部位所需夹具数-温度下降电缆收缩时（支）	−4.03
蛇形弧两端的夹具间距（m）	2		

从上述计算可见，高落差上顶部位需2挡抱箍刚性固定，下底部位需4挡抱箍刚性固定。

3.4.3　高落差高压电缆敷设固定方法的应用

以 220kV 某工程 220kV 2500mm² 电缆线路为例。

1. 高落差电缆连续敷设工艺

（1）高落差连续敷设的弯曲半径。弯曲半径不小于 3m，工程实际基本控制在不小于 3.5m。

（2）高落差连续敷设的方向选择。根据 3.2 的研究，敷设方向为涵沟—拉管—工作井—斜坡涵沟—桥架—斜坡涵沟—沉井—隧道（从左向右）。

（3）高落差连续敷设的牵引方法选择。由于拉管超过 66m，根据 3.3 节研究，在拉管段内，采取了牵引、输送同步的牵引方式，并采取以下措施进行控制：

1）通过拉力表监控的方式，将牵引力控制在不大于允许牵引力的 2/3 的范围内。

2）为了减小阻力，建议在进入拉管之前（进入拉管的第一台输送机后）采用滑石粉或牛油等涂抹，在对侧拉管出口擦拭干净（防止后续输送机打滑），从而减小进入拉管的摩擦系数。

（4）高落差连续敷设的牵引力、侧压力计算及敷设优化布置图如图 3-28 所示。牵引机的功率是 8kN，然后乘以 0.8 为实际输出 $T = 6.4kN$。220kV 电缆工程，选用 25000mm² 单位电缆重量 $W = 38$，电缆转盘转动摩擦阻力相当于 $L_0 = 15m$ 电缆重力为

$$T_0 = 9.8 W L_0 \tag{3-111}$$

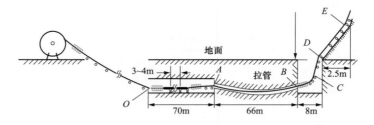

图 3-28　高落差连续敷设的牵引力、侧压力计算及敷设优化布置图

1）在隧道内经过 $L = 70m$ 后 A 点的牵引力：

$$T_A = 9.8 \times \mu W L \tag{3-112}$$

2）经过拉管 $L_1 = 66m$ 后 B 点的牵引力：

a. 拉管入射段为

$$T_{A1} = \frac{9.8 W h (\mu \cos\theta_1 - \sin\theta_1)}{\sin\theta_1} + T_A \tag{3-113}$$

b. 拉管水平段 A_2 点牵引力为

$$T_{A2} = 9.8\mu W[L - h(\cot\theta_1 + \cot\theta_2)] + T_{A1} \tag{3-114}$$

c. 拉管出射段 B 点牵引力为

$$T_B = 9.8Wh(\mu\cos\theta_2 + \sin\theta_2)/\sin\theta_2 + T_{A2} \tag{3-115}$$

3）在井内转弯后 C 点的牵引力：

水平直拉 4.5m 为

$$T_{C1} = 9.8 \times \mu WL \tag{3-116}$$

转弯为

$$T_C = T_{C1}e^{\mu\frac{\pi}{2}} - \frac{9.8WR}{1+\mu^2}[2\mu - (1-\mu^2)] \tag{3-117}$$

侧压力为

$$p_1 \approx \frac{\pi R_C}{2(n-1)} \tag{3-118}$$

4）$L_1 = 4$m 垂直到井口面后 D 点的牵引力为

$$T_D = 9.8 \times WL_1 + T_C \tag{3-119}$$

5）45°角加后 E 点的牵引力为

$$T_E = 9.8 \times WL_2(\mu\cos\theta_1 + \sin\theta_1) + T_D \tag{3-120}$$

6）60°角加后 F 点的牵引力为

$$T_F = 9.8 \times WL_3(\mu\cos\theta_2 + \sin\theta_2) + T_E \tag{3-121}$$

7）转弯后 G 点的牵引力为

$$T_G = T_Fe^{\mu\frac{\pi}{2}} - \frac{9.8WR}{1+\mu^2}[2\mu - (1-\mu^2)e^{\mu\frac{\pi}{2}}] \tag{3-122}$$

侧压力为

$$p_2 \approx \frac{\pi R_G}{2(n-1)} \tag{3-123}$$

8）到达桥另一端时 H 点的牵引力为

$$T_H = 9.8 \times \mu WL_3 + T_G \tag{3-124}$$

9）转弯后 I 点的牵引力为

$$T_1 = T_He^{\mu\frac{\pi}{2}} - \frac{9.8WR}{1+\mu^2}[2\mu - (1-\mu^2)e^{\mu\frac{\pi}{2}}] \tag{3-125}$$

侧压力为

$$p_3 \approx \frac{\pi T_C}{2(n-1)} \tag{3-126}$$

10）45°下行 10m 到达井口为

$$T_{J} = WL_{4}(\mu\cos\theta_1 - \sin\theta_1) + T_{I} \qquad (3-127)$$

11）到底端的 L 点牵引力：三段式折线模型为

$$T_{J1} = \frac{9.8WR}{\sin\theta}(\mu\cos\theta - \sin\theta) + T_{J} \qquad (3-128)$$

$$T_{J2} = T_{J1} + 9.8\sqrt{2}WL_{BC}\left(\mu\cos\frac{\pi}{4} - \sin\frac{\pi}{4}\right) \qquad (3-129)$$

$$T_{K} = \frac{9.8WR}{\sin\theta}(\mu\cos\theta - \sin\theta) + T_{J2} \qquad (3-130)$$

12）转弯后 M 点的牵引力为

$$T_{L} = T_{K}e^{\mu\frac{\pi}{2}} - \frac{9.8WR}{1+\mu^2}\left[(1-\mu^2)2\mu - 2\mu e^{\mu\frac{\pi}{2}}\right] \qquad (3-131)$$

侧压力为

$$p_4 \approx \frac{\pi T_{M}}{2(n-1)} \qquad (3-132)$$

13）到达 M 点处的牵引力为

$$T_{M} = 9.8 \times \mu WL + 1.37T_{L} \qquad (3-133)$$

通过计算可知：

允许的拉力为 $70\times2500=17500$ （N）。

允许的侧压力为 3kN。

根据式（3-111）～式（3-133）编写 Excel 表格计算研究进行牵引力侧压力计算，进行方案研究得出结论，如表 3-11、表 3-12。

表 3-11 方 案 一

位　　置	节点	牵引力	单位	侧压力	单位
开始点	T_0	−814			
拉管前节点	T_a	−2000.4	N		
拉管底端 A_1	T_{a1}	−2572.368559	N		
拉管底端 A_2	T_{a2}	5538.94952	N		
拉管后节点	T_b	1430.96	N		
转弯后的节点	T_c	3781.4512	N	945.3628	N/m
到达地面后节点	T_d	5457.2512	N		
经过 45°角后	T_e	637.2105919	N		
经过 60°角后	T_f	2435.949894	N		

续表

位　置	节点	牵引力	单位	侧压力	单位
转弯后的节点	T_g	4648.099354	N	1162.024839	N/m
到达桥的另一端	T_h	487.7793544	N		
转弯后的节点	T_i	5757.409716	N	1439.352429	N/m
到达进口时节点	T_j	3650.797193	N		
竖井中一楼	T_{k1}	2459.117193	N		
竖井中二楼	T_{k2}	373.9921182	N		
到达隧道底端点	T_k	5124.406904	N		
转弯后的节点	T_l	30.32668989	N	7.581672473	N/m
终点	T_m	5243.92669	N		

表 3 - 12　　　　　　　　　　　方　案　二

位　置	节点	牵引力	单位	侧压力	单位
开始点	T_0	−814			
拉管前节点	T_a	−2000.4	N		
拉管底端 A_1	T_{a1}	−2572.368559	N		
拉管底端 A_2	T_{a2}	5538.94952	N		
拉管后节点	T_b	1430.96	N		
转弯后的节点	T_c	3781.4512	N	945.3628	N/m
到达地面后节点	T_d	5457.2512	N		
经过45°角后	T_e	637.2105919	N		
经过60°角后	T_f	2435.949894	N		
转弯后的节点	T_g	4648.099354	N	1162.024839	N/m
到达桥的另一端	T_h	6887.779	N		
转弯后的节点	T_i	8125.4	N	2031.352	N/m
到达进口时节点	T_j	6018.79	N		
竖井中一楼	T_{k1}	4827.117	N		
竖井中二楼	T_{k2}	2741.992	N		
到达隧道底端点	T_k	8818.487	N		
转弯后的节点	T_l	5091.216	N	1282.704	N/m
终点	T_m	10304.82	N		

　　综合方案一和方案二选择方案二，共 8 台输送机，转弯处至少 5 个滚轮才能满足侧压力的要求。得到敷设优化布置如图 3 - 29 所示。

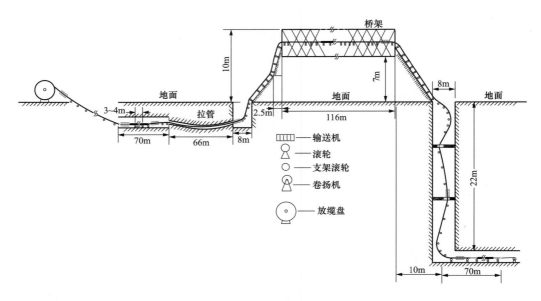

图 3-29　敷设优化布置图

根据上述技术方案，高落差电缆按连续敷设工艺完成了敷设和打弯工作，电缆敷设和打弯外观检查和试验检查无损伤，各项指标良好，符合技术规范要求。

2. 高落差连续敷设的固定

根据高落差连续敷设固定的研究结论，结合该段落的实际环境，确定固定方法技术要求。

（1）温升 70℃、66m 拉管两端出口热应力的固定。拉管长度为 66m，热应力计算 Excel 表见表 3-13。

表 3-13　　　　　　　热 应 力 计 算 Excel

蛇形弧横向滑移量的计算			
L	半个蛇形长度	mm	33000
A	导体截面	mm²	2500
E	电缆的杨氏模量	N/mm²	30000
α	电缆的线膨胀系数	1/℃	0.00002
μ	摩擦系数		0.3
W	电缆单位长度的重量	kg/km	38000
		N/mm	0.38
f	电缆的反作用力	N	1000
e	对比参数		3.841333
t	导体的温升	℃	70

蛇形弧横向滑移量的计算			
m	电缆的热伸缩量	mm	0.003012
m	电缆的热伸缩量		22.24618
B	蛇形弧幅	mm	50
$n/2$	电缆横向滑移量	mm	0.782831
$n/2$	电缆横向滑移量	mm	517.4708

根据计算结果，该情况下，拉管内电缆热伸缩量约为 22.2mm，电缆横向滑移量为 0.52m。考虑安全裕度，在拉管两端设置"高压电缆浮动组合固定装置"，滑槽移动范围达 0.75m，浮动装置伸缩高度达 0.2m，可充分满足热应力释放要求。

（2）高落差段落内蛇形敷设的夹具数量。根据研究结论，确定该段落内的上端所需夹具 2 个，下端所需夹具 4 个，并配套应用"高落差电缆复合材料固定支架"。

（3）高落差连续敷设的固定布置图。根据研究结论，确定该段落内的固定布置图如图 3-30 所示。

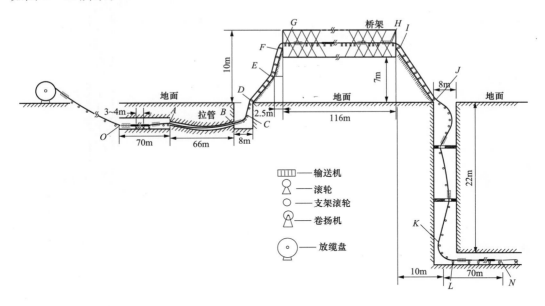

图 3-30　固定布置图

3.5　高落差电缆连续敷设的其他技术要求

（1）进行电缆敷设时，电缆应从盘的上端引出，滑轮布置间距应适当，不应使电缆在支架上及地面摩擦拖拉，转弯处搭建转角滑轮组。电缆上不得有金属护套压扁、电缆绞拧、护层折裂等未消除的机械损伤。

（2）当电缆敷设速度过快时，电缆会发生以下问题：

1）电缆容易脱出滑轮。

2）造成侧压力过大损伤电缆外护套，如使外护套起纹等。

3）使外护套和内部绝缘产生滑动，破坏电缆整体结构。

因此，高压大截面电缆敷设速度应适当放慢，不宜超过 6m/min。

（3）电缆在切断后，应将端头立即密封，防止进水和受潮。

（4）敷设电缆时，电缆允许敷设最低温度（在敷设前 24h 内的平均温度以及敷设现场的温度）不应低于 0℃，当低于 0℃时，应采取加热措施（若厂家有要求，按厂家要求执行），如图 3-31 所示。

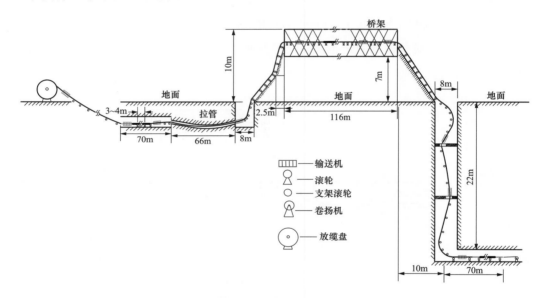

图 3-31　敷设平面布置图

4 | 高落差电缆敷设专用工器具的研究

4.1 高落差电缆敷设工器具

针对高落差电缆的敷设施工，本章详细介绍无接头一体化同步敷设工器具，包括低摩擦滑轮、电缆输送机液压升降平台两种工器具，采用低摩擦滑轮降低电缆敷设所需牵引力，采用液压升降平台实现正反转一体敷设。之后设计了多功能导向滑动支架，为高落差电缆敷设提供了有效的工器具。

4.1.1 无接头一体化同步敷设工器具

1. 低摩擦电缆敷设滑轮

目前常用的滑轮，一般把滑轮直接套在钢管上，在运行中，内壁与钢管之间仍然为滑动摩擦，平行敷设时摩擦系数为 0.4～0.5，电缆转弯处使用滑轮时，受侧压力作用，摩擦系数会更高，很难达到理论值 0.2。为提高电缆敷设过程的动力效率，减小滑轮自身阻力，研究一种滑轮能够减少其自身与钢管之间的滑动摩擦，尽量以滚动摩擦代替滑动摩擦，使滑轮的摩擦系数能够达到 0.2 的理论数值。

（1）装置总体设计思路。

设计一滑轮包括滑轮体和轴承，利用内轴承将滑轮与回拧撑杆更好地贴合，减小摩擦系数。

（2）低摩擦电缆敷设滑轮结构特点。低摩擦滑轮截面图如图 4-1 所示。

特征是滑轮体内部为空心管状的内腔，在所述滑轮体内腔的两端各安装一轴承，所述滑轮体可以轴承为中心轴滚动。所述滑轮体中部向内凹陷成弧状。

使用时，在轴承中穿一钢管，并将钢管加以简易固定，并多组放置，电缆放置在滑轮之上，可以轻易地拖动电缆，并保证电缆不会划

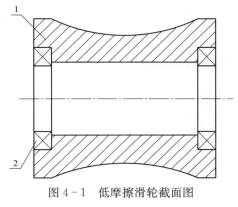

图 4-1 低摩擦滑轮截面图

1—滑轮体；2—轴承

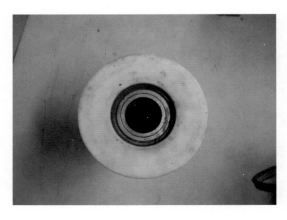

图 4-2　低摩擦滑轮实物图

伤。采用该方案后，滑轮摩擦系数可以达到 0.25，接近 0.2 的滚动摩擦系数。低摩擦滑轮实物图如图 4-2 所示。

（3）试验验证。对低摩擦电缆敷设滑轮开展摩擦系数试验。

1）试验方法：根据公式 $T=\mu WL$，在 10m 长电缆上施加牵引力，使其刚好能在滑轮上拖动，记录值，再根据电缆自重和已知长度，即可计算该滑轮的摩擦系数 μ。

2）试验结论：根据计算，算出该滑轮摩擦系数为 0.25，接近于 0.2 的滚动摩擦系数理论值。

2．电缆输送机液压升降平台设计

在电力电缆敷设过程中，需要用电缆输送机对电缆进行敷设，而 220kV 大截面电缆所需的输送机体积庞大，搬运起来很不方便，如果采用以前搭设钢管来固定电缆输送机的方法，则输送机一旦位置固定，很难进行调整，容易致使电缆在敷设过程中损伤。如果采用层叠式平台，则高度不能进行微调，且占用空间大，安装过程烦琐。

（1）装置总体设计思路。研究一种手动液压升降台，实现将平台升降至需要的高度，方便输送机的固定。

1）利用多层剪刀式升降的机械原理，结合通道的实际环境高度调节可能范围，得出平台升降高度，即升降行程约 1350mm，最大高度约 1650mm。

2）利用液压机构，实现机械化安全可靠高效的操作。结合高压大截面电缆施工的承重范围，按照 2500mm² 电缆每米自重 40kg 及大截面电缆专用输送机自重 100kg，以单个平台承重 10m 电缆计算，平台需承重 450kg，因此，设计平台额定载荷为 500kg。油泵选择手动液压泵，工作油压小于 10MPa。

3）根据 220kV 大截面电缆专用电缆敷设输送机尺寸，选择平台台面尺寸为 1250mm×800mm，能够满足 2500mm² 电缆输送机防置。

（2）电缆输送机液压升降平台结构特点。其结构图 4-3 所示，其可根据电缆沟、隧道等通道环境支架高度等要求，实现一次敷设到该高度，无需二次搬运。其特点如下：

1）液压机械化操作便捷高效，省时省力。

2）多层剪刀式结构升降范围大，装置结构简单牢固且满足现场环境要求。

3）平台装设输送机固定座，满足大截面电缆敷设牵引时输送机的稳固固定。

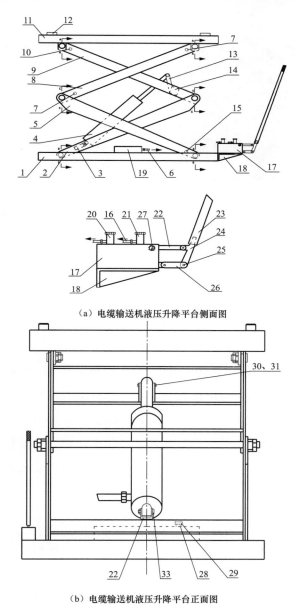

（a）电缆输送机液压升降平台侧面图

（b）电缆输送机液压升降平台正面图

图 4-3 电缆输送机液压升降平台

1—手动液压升降台由底板；2—下内支板；3—支承板；4—油缸；5—下外支板；6—进油管；7—支杆；8—上外
支板；9—上内支板；10—支杆；11—工作台板；12—固定支座；13—支架座；14—支架；15—支杆；16—出油管；
17—液压泵；18—泵支座；19—油箱；20—进油口座；21—出油口座；22—油泵杆；23—手柄；24—摇臂；
25—销；26—连片；27—泄压阀旋钮；28—加油孔；29—油孔帽；30、31—螺栓螺母；
32—固定座；33—螺栓螺母

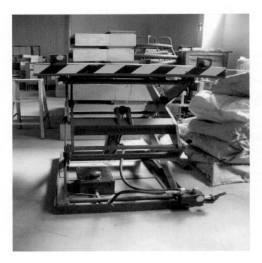

图 4-4　电缆输送机液压升降平台实物图

电缆输送机液压升降平台实物图如图 4-4 所示。

（3）试验方法。

1）平台承重试验。

a. 试验方法：平台上放置 500kg 重物，升降台自初始位置升高至最高位置。

b. 试验结论：平台满足额定载荷要求。

2）平台高度调节。

a. 试验方法：平台最高、最低位置调节，应满足最低、最高支架敷设高度要求。

b. 试验结论：平台高度调节范围为 300～1650mm，满足最低、最高支架敷设高度要求。

4.1.2　多功能导向滑动支架

为了有效减少电缆从电缆盘引出至入井口段因电缆在盘上左右摆动产生的扭力以及摩擦阻力，快速便捷地完成大截面电缆敷设的现场调节要求，从而提高敷设质量和效率。研究以下几点：①多功能导向滑轮可在滑动架杆上方便快捷地左右移动，从而调节到井口最佳进入位置，减少电缆受到的扭力；②多功能导向滑轮可以在固定点 180°进行旋转固定，从而调节到电缆敷设最佳位置；③多功能导向滑轮的限位滑动轮即可确保电缆敷设过程中不增加电缆摩擦阻力，又保障电缆不会从滑轮中脱出；④其金属材料涂有防锈漆，承重力远大于传统塑料材料。

1. 装置总体设计思路

（1）为了实现电缆可方便调整到敷设最佳位置，该支架设计了多功能导向滑轮和滑动架杆两部分，方便滑轮通过在滑动架杆上的移动调整，实现上述功能。

（2）为了实现多功能导向滑轮可在滑动架杆上方便快捷地左右移动从而调节到井口最佳进入位置，从而达到减少电缆受到的扭力的目的，设计在滑轮底部每侧装设了 3 个小滑轮，便于左右方便移动。

（3）为了实现确保电缆敷设过程中不增加电缆摩擦阻力又保障电缆不会从滑轮中脱出的目的，设计在主滑轮的两侧装设了两个限位滑轮，满足上述功能要求。

2. 装置的结构及特点

（1）多功能导向滑动轮如图 4-5 所示。

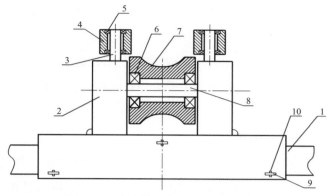

图 4 - 5 多功能导向滑动支架结构图 1

1—架杆；2—竖架体；3—立轴；4—滚轮；5、6、9—轴承；

7—滑轮；8—安装轴；10—小轴

（2）滑动架杆。根据电缆盘的宽度设计滑轮滑动架杆，使其长度略大于电缆盘宽度。根据 110～220kV 电缆盘宽度不同，设计滑动架杆长度为 2.5～3m，采用 4cm×4cm 方钢材料，能承重 300kg。

多功能导向滑动支架实物图如图 4 - 6 所示。

3. 试验验证

对多功能导向滑动架开展承重试验。

图 4 - 6 多功能导向滑动支架实物图

（1）试验方法：选择滑动架杆长度 3m，中心承重 300kg。

（2）试验结论：滑动架杆无变形弯曲，满足额定载荷 300kg 要求。

4.2 高落差电缆打弯工器具

为了实现蛇形敷设，电缆需要打弯，传统打弯手段容易损坏电缆护层，造成严重的经济损失，针对打弯问题，介绍高效的打弯工具，该工具能够加快打弯速度，提高打弯效率，且不会损坏电缆护层，实践证明了该工器具的有效性。

4.2.1 便携式大截面电缆蛇形打弯组合工具

高压大截面电缆蛇形敷设的打弯工作既要高效，更要可靠、安全，以往传统打弯方法往往出现一旦过渡打弯造成电缆护层出现变形或者出现打弯机过负荷漏油现象、打弯无处固定导致打弯工作难以开展等情况，不利于该工作的开展。

1. 装置设计总体思路

便携式大截面电缆蛇形打弯组合工具应实现以下目的：

（1）实现电缆打弯时保护电缆不集中受力导致电缆该点变形损伤。

（2）无需额外打弯固定点。

（3）打弯可靠、安全、高效。

因此，将该组合装置设计为由带有滑轮和穿环的立柱支架、电缆金属打弯护鞍、手扳葫芦、白棕绳索组合构成的装置。利用工程手扳葫芦，研制适用于顶管隧道固定的具有高度调节功能的立柱支架，在支架底座上设计一个滑轮，在立柱支架上部设计耳孔穿环。打弯前，先做好打弯准备。首先将电缆金属护鞍放置在电缆打弯处，然后将立柱支架固定支撑在顶管隧道内，接着将手扳葫芦挂在耳孔处，之后将白棕绳索一端穿入手扳葫芦，一端穿过底座滑轮后再多道缠绕到电缆金属护鞍需要打弯处，准备工作完成。进行打弯作业时，利用手扳葫芦将绳索收紧，绳索通过电缆金属护鞍作用于电缆，从而轻松完成打弯工作。

2. 便携式大截面电缆蛇形打弯组合工具的结构特点

研发的新型便携式大截面电缆蛇形打弯组合工具如图4-7所示。

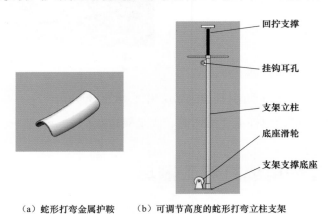

（a）蛇形打弯金属护鞍 （b）可调节高度的蛇形打弯立柱支架

图4-7 便携式大截面电缆蛇形打弯组合工具图

该装置主要具备以下特点：

（1）蛇形打弯金属护鞍，按照大截面电缆表面圆弧尺寸设计，可贴合电缆表面，分散了打弯时作用于电缆的力，可起到防止电缆打弯对电缆本体的损伤。该金属采用了铝镁合金材料，轻便耐用，防腐性能好。

（2）可调节高度的蛇形打弯立柱支架，底部支撑在通道底部，通过调节顶部的回拧支撑到通道顶部，将立柱支架牢固固定在通道内，可适用于不同高度的电缆隧道，适用范围广；挂钩耳孔可将工程上普遍应用的手扳葫芦挂在该处作为固定点，底座滑轮作为一支点，电缆打弯处作为一支点，通过白棕绳连接起来可利用手扳葫芦收紧锁带从而将电缆打弯，操作简便，连接灵活，设备轻便，适用性强，可用于需要设备长时间工作和不断移动且存在各类不同敷设排列、不同间距的电缆蛇形打弯工作。

总之，该装置改变了传统一体式的设计、装置笨重、需要电源等问题，通过组合的方式，转移方便，操作简单，成本低廉，能够适应各种复杂的现场环境。

3. 装置试验验证

（1）马鞍型压槽长度校核。马鞍型压槽的长度会影响电缆的表面质量，当压槽长度较短时，压完后会在电缆表面留下压痕，该压痕的产生是由于电缆受压表面的单位压强较大，已经超过了电缆外层材料的屈服强度造成的。电缆外层材料为聚乙烯材料，该材料的屈服强度为30MPa，因此，马鞍型压槽长度要使得材料不产生压痕。经过实际测量，得到电缆与马鞍型的接触面积为 $\pi \cdot d \cdot \theta = 3.14 \times 0.15 \times 0.33 = 0.157$（m），而接触面积 $s = 0.157 \times 0.8 = 0.1256$（m²），因此，当马鞍型压槽受力为10000N时，产生的压强为0.0796MPa，由此可见，当该机构设计马鞍型压槽的长度为800mm时，$0.0796 < 30$MPa，不会产生塑性变形，因此不会对电缆表面材料产生破坏。

经过计算及现场使用验证，新型电缆弯曲机满足 220kV 2500mm² 电缆蛇形敷设时对电缆进行打弯的要求，且使用时不会造成电缆外护套损伤。

（2）打弯立柱支架应力应变校核。为了确保该装置能够具有牢固的强度、刚度，对其关键部件进行了应力应变理论计算分析。该装置的关键承力部件有移动滑轮部件、上支撑部件和下支撑部件。

1）移动滑轮部件：移动滑轮部件的承力部分主要是轮滑主轴。如果发生强度和刚度破坏，首先在滑轮主轴上发生。对主轴的应力应变分析如图 4-8 和图 4-9 所示。

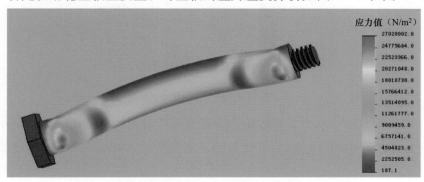

图 4-8 滑轮组件主轴应力云图（变形放大 1000 倍）

从图4-8中可以看出，应力集中在轴与底座的接触部位，最大应力值为22.5MPa，远小于材料的屈服强度235MPa，因此，强度满足设计要求。从图4-9中可以看出，应变集中在轴中部，最大应变值为0.0046mm，可以忽略不计，因此，刚度满足设计要求。

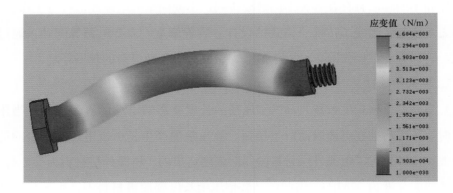

图4-9　滑轮组件主轴应变云图（变形放大1000倍）

2）上支撑部件的应力应变云图分析：从图4-10可以看出，应力最大值为18MPa，远小于材料的屈服强度235MPa，因此，强度满足设计要求。从图4-11可以看出，应变最大值为0.024mm，可以忽略不计，因此，材料的刚度满足设计要求。

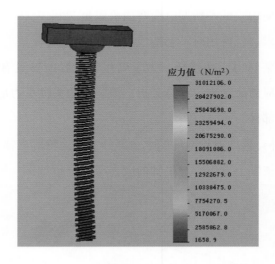

图4-10　上部支撑件承载应力云图（变形放大1000倍）

3）下部支撑件应力应变云图分析：下部支撑件应力云图如图4-12所示，可以看出，最大应力为83MPa，远小于材料的屈服强度235MPa，因此，强度满足设计要求。

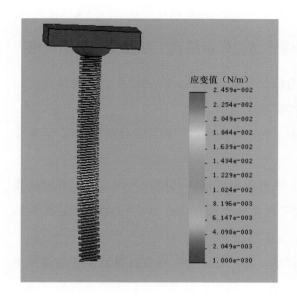

图 4-11   上部支撑件应变云图
（变形放大 1000 倍）

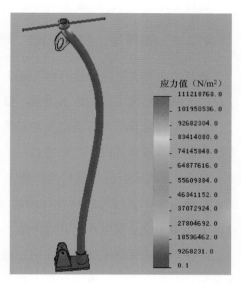

图 4-12   下支撑件应力云图
（变形放大 1000 倍）

图 4-13 所示为下支撑件的应变云图，可以看出，最大应变为 0.2mm，可以忽略不计，因此，材料刚度满足设计要求。

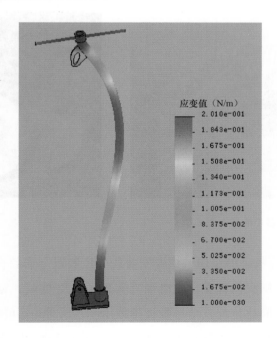

图 4-13   下支撑件应变云图（变形放大 1000 倍）

通过上述关键部位的强度和刚度校核可知，该支架满足设计的强度和刚度设计要求。

4.2.2 高落差、狭小空间"可调式适位敷设打弯"配套工器具的应用

研制"可调式适位敷设打弯"施工方法及配套工器具，有效地保证了高落差连续敷设的大截面电缆工程的施工质量，提高了施工效率。

从应用效果看，大截面电缆在高落差、狭小空间的"可调式适位敷设打弯"、施工方法及配套工器具有以下几个特点：

(1)"可调式适位敷设打弯"施工方法可根据现场空间情况，调节敷设高度和宽度，可满足狭小空间无拉环设计的超大工作量的电缆打弯工作，作业效率提高 1/3，且施工安全和设备安全得到有效保障。

(2)多功能导向滑动架的应用。通过该工器具的应用，能够有效地减少电缆从电缆盘引出至入井口段因电缆在盘上左右摆动产生的扭力以及摩擦阻力，快速便捷地完成大截面电缆敷设的现场调节要求，从而提高敷设质量和效率。

多功能导向滑动架如图 4-14 所示。

(3)低摩擦滑轮的应用。通过该工器具的应用，可以使滑轮的摩擦系数降低到 0.2，有效地降低了电缆敷设时的牵引力。低摩擦滑轮如图 4-15 所示。

图 4-14　多功能导向滑动架　　　　　　图 4-15　低摩擦滑轮

(4)"大截面电缆敷设的通用型横臂安装式固定装置"安装在支架内侧，解决了搭设横向工字敷设架缺少内部支点的难题，实现了高度可调、宽度可让出人员行走的功能，敷设打弯时间比传统三角形敷设架减少 0.5 天/km，可扩展通道内约 1m 的人行通道，提高了人员工作和急救逃生效率。大截面电缆敷设的通用型横臂安装式固定装置及电缆输送机液压升降平台如图 4-16～图 4-18 所示。

图 4-16　大截面电缆敷设的　　　　图 4-17　大截面电缆敷设的电缆
通用型横臂安装式固定装置　　　　　输送机液压升降平台

（5）"便携式大截面电缆蛇形打弯组合工具"由
"打弯护鞍"和"打弯移动式支架"组成，研制电缆蛇
形打弯组合工具。设计成可调节高度的蛇形打弯立柱支
架和金属护鞍两部分，与传统三角形打弯工具相比，重
量降低了 82%、价格降低了 67%，打弯保护面积增大
约 10 倍，有效地避免了小面积接触损伤电缆。每相一
处打弯效率提升 50%，即每相节省 2.5h/km；另外，该
装置可无限使用，而传统三角形打弯组合工具考虑耐受
只能 50 次/天，重复使用效率高。便携式大截面电缆蛇
形打弯组合工具如图 4-19 所示。

图 4-18　现场应用总体图

图 4-19　便携式大截面电缆蛇形打弯组合工具

4.3 高落差电缆固定工器具

针对电缆的固定问题，介绍多种固定的工器具，包括通用型横臂安装式固定装置、可滑移高压电缆浮动组合固定装置、高落差电缆复合材料固定支架 3 种工器具，通过在实际工程中应用该种工器具，证明了工器具的可靠、有效。

4.3.1 通用型横臂安装式固定装置

1. 装置总体设计思路

（1）根据现场实际需求，积极开展适用于小直径圆形顶管隧道的敷设架结构的改进。通过方案优化对比，确定了设计思路：利用电缆现有的横臂支架，将敷设架的一端通过研发新型装置，将其固定在横臂支架上，从而将搭设架向电缆横臂支架上进行了平移，在通道内节约出（约 1m）的人行空间。

（2）由于现场的横臂式支架形式多样，该新型装置应具有通用性，能够适用于各种不同结构、不同尺寸的横臂式支架。

2. 装置的结构及特点

为了实现上述功能，经过方案优化和对比分析，研发的新型固定装置如图 4-20 所示。

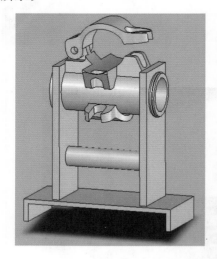

图 4-20 通用型横臂安装式固定装置

通用型横臂安装式固定装置由带有调节孔的固定底座夹具、固定面板、连接支撑管、180°可旋转式插管、半抱式抱箍组成，主要具备以下功能特点：

（1）底座宽度涵盖当前所有厂家类型的横臂支架宽度，通过底座的扁长型安装孔，应用垫片螺栓可进行固定，从而满足可牢固安装在不同结构、不同尺寸横臂支架上的要求，兼顾了通用性。

（2）连接支撑管与固定面板的设计使得该固定装置具有很强的牢度，牢固性更强。

（3）顶部的半抱式抱箍可插入钢管进行固定，可作为门型敷设架的一侧固定端，同时该抱箍可进行 180°的旋转调节，从而实现与现场不同方向角度的调整功能，现场使用更为灵活、方便。

3. 装置应力计算验证

为了确保通用型横臂安装式固定装置能够具有牢固的强度、刚度，根据 30m 一挡敷设架搭设的情况，结合输送机等敷设设备、敷设架本身、电缆自重，并给予 1.3 倍的安全系数，确定 100kg 的载荷，方向向下，对电缆支架形成垂直向下的载荷。针对该载荷进行电缆支架应力应变的计算验证，其装置关键零部件受力情况如图 4-21 所示。从图 4-21 中可以看出，电缆支撑架应力集中点最大应力为 3.3MPa，其材质为 Q235，屈服强度高达 235MPa，远大于其应力最大值，因此，电缆支架强度满足要求。

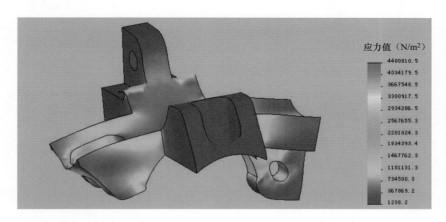

图 4-21　装置承力部件额定载荷情况下的应力云图（变形放大 1000 倍）

图 4-22 所示为装置承力部件额定载荷情况下的应变云图。从图 4-22 中可以看出，电缆支架应变集中在两个端点处，最大应变值为 0.00037mm，可以忽略不计。因此，电缆支架刚度满足设计要求。

图 4-22　装置承力部件额定载荷情况下的应变云图（放大 1000 倍）

装置的主支架体应力、应变云图如图 4-23 和图 4-24 所示。

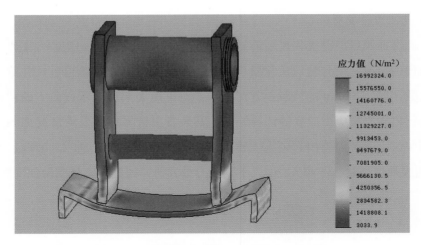

图 4-23　装置应力云图（变形放大 1000 倍）

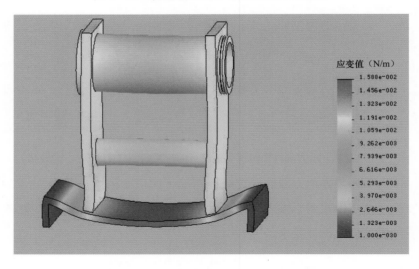

图 4-24　装置应变云图（放大 1000 倍）

从图 4-23 中可以看出，装置的最大应力集中在下部，最大值达到 12MPa，远小于材料的需用强度 235MPa，因此，强度满足设计要求。

从图 4-24 中可以看出，装置的最大应变集中在下部，最大值为 0.016mm，可以忽略不计，因此，刚度满足设计要求。

根据验证，可见该设计能够满足现场使用的刚度、强度要求。

4.3.2　可滑移高压电缆浮动组合固定装置

1. 装置总体设计思路

（1）考虑实际环境空间，通过前面热应力计算及附录 B EXCEL 计算程序，确认在拉管长度在一定范围内，通过装置的可浮动设计，将热应力的横向滑移转换为弧形上升，从而减小热应力装置的体积；在超过一定长度范围内，选配横向滑槽，通过横向滑移和弧形上升，满足热应力释放要求的同时，减小热应力装置的体积。

（2）由于工作井内往往湿度很大，需要综合考虑防锈蚀要求，防止锈蚀造成的装置卡滞带来不良影响。

2. 可滑移高压电缆浮动组合固定装置的结构特点

可滑移高压电缆浮动组合固定装置的结构如图 4-25 所示，由高压电缆浮动支架和滑动槽组成。其示意图如图 4-26 所示。

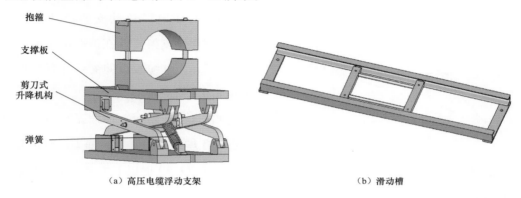

抱箍
支撑板
剪刀式
升降机构
弹簧

（a）高压电缆浮动支架　　　　　　　　　（b）滑动槽

图 4-25　高压电缆浮动支架及滑动槽

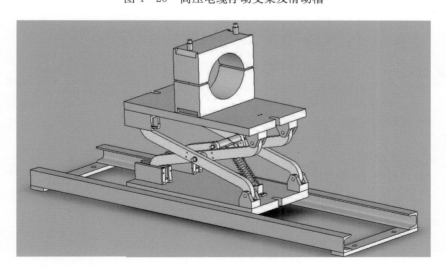

图 4-26　可滑移高压电缆浮动组合固定装置示意图

可滑移高压电缆浮动组合固定装置的特点作用如下：

（1）高压电缆浮动支架。可以完成电缆沿垂直方向的上下移动，整个移动过程通过连接板与弹簧控制，适用于不长的拉管长度情况下。此时，可单独应用该支架挠性固定，与之后的支架刚性固定共同完成拉管段的热应力释放。该支架选用了铝镁合金材料制作，防腐性能极佳。

（2）滑移槽。整个滑动槽由两根槽钢在端部通过底板焊接完成，槽钢内部则设计有滑动底座，该滑动槽可使浮动支架沿导轨的水平方向滑移，适用于较长的拉管长度情况下。该结构相比普通伸缩节，可上下浮动、前后滑移，有效缩小了体积，更适宜于狭小空间。滑移槽选用了不锈钢材料制作，防腐性能良好。

可滑移高压电缆浮动组合固定装置结构结构简单、灵活，防腐性能佳。

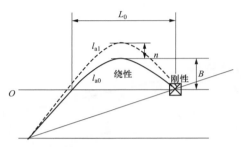

图 4-27　电缆敷设伸缩弧计算模型示意图

3. 装置设计及验证

（1）高压电缆浮动支架浮动高度设计。设该浮动支架安装在波距的中心，波距 L 取 5m。电缆敷设伸缩弧计算模型示意图如图 4-27 所示。

如图 4-27 所示，伸缩弧初始位置时水平距离 L_0，初始垂直弧幅 B，初始伸缩后弧幅 B_2，伸缩弧高度 n，伸缩弧调节弧长 ΔL，不计 $O-O'$ 面以下长度变化，通过初始弧和最终弧长可以计算出伸缩弧调节弧长。

初始弧长为

$$l_{a_0} = L_0 \left[1 + \left(\frac{\pi B}{2L} \right)^2 \right] \tag{4-1}$$

最终弧长为

$$l_{a_1} = L_0 \left[1 + \left(\frac{\pi(B+n)}{2L} \right)^2 \right] \tag{4-2}$$

则

$$L_0 \left| 1 + \left[\frac{\pi(B+n)}{2L} \right]^2 \right| - L_0 \left[1 + \left(\frac{\pi B}{2L} \right)^2 \right] = \Delta L \tag{4-3}$$

$$L_0 \left| \left[\frac{\pi(B+n)}{2L} \right]^2 - \left(\frac{\pi B}{2L} \right)^2 \right| = \Delta L \tag{4-4}$$

$$\frac{\pi^2}{4L} \left[(B+n)^2 - B^2 \right] = \Delta L \tag{4-5}$$

伸缩弧调节弧长计算公式为

$$\Delta L = \frac{\pi^2}{4L} \left[(B+n)^2 - B^2 \right] \tag{4-6}$$

根据拉管 200m 伸缩量 ΔL 为 65mm 的吸纳量进行计算，高度 n 为

$$n = \sqrt{\frac{4\Delta LL_0}{\pi^2}} - B_2 = 0.14\text{m} \tag{4-7}$$

考虑安全裕度，取 n 为 0.2m。

通过上述计算，可见，在 200m 内的拉管长度范围内，通过高压电缆浮动支架浮动高度 0.2m 进行设计，可满足电缆热机械应力的释放要求。

（2）高压电缆浮动支架浮动弹簧力设计。弹簧的作用主要是起到当电缆在释放热应力时不会受到支架抱箍的因弹簧而造成的约束力。因此，以电缆及浮动支架的上面板的总重量为平衡，通过推力实测试验弹簧力，如图 4-28 所示。

（3）高压电缆浮动支架关键部位应力应变分析。高压电缆浮动支架关键部件可以分为支撑板部分、链接模块部分和可滑移模块，对上述三部分在额定载荷 228kg 作用下的应力应变云图如下所示。

1）支撑板应力应变分析。支撑板额定载荷下应力、应变云图如图 4-29、图 4-30 所示。

从图 4-29 中可以看出，最大应力值为 0.6MPa，远小于材料的屈服强度 235MPa，因此，支撑板的强度满足设计要求。

图 4-28　通过推力实验测试弹簧力

从图 4-30 中可以看出，最大应变值为 0.009mm，可以忽略不计，因此，支撑板的刚度满足设计要求。

2）链接模块应力应变云图分析。

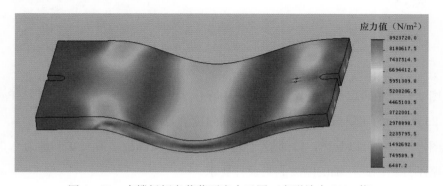

图 4-29　支撑板额定载荷下应力云图（变形放大 1000 倍）

链接模块的应力、应变分析主要包括主轴强度刚度分析以及连接板强度刚度分析。

a. 主轴强度刚度分析。在额定载荷下，主轴承受来自连接板的剪切作用力，其应力、应变云图如图 4-31、图 4-32 所示。

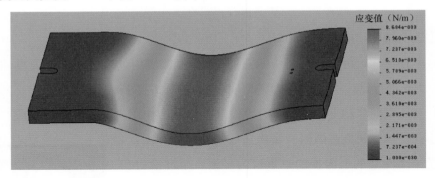

图 4-30　支撑板额定载荷下的应变云图（放大 1000 倍）

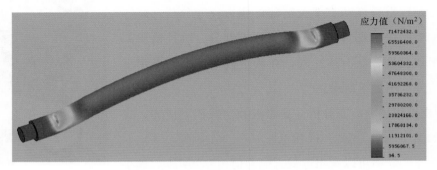

图 4-31　主轴应力云图（变形放大 1000 倍）

图 4-32　主轴应变云图（变形放大 1000 倍）

从图 4-31 中可以看出，最大应力集中在主轴的连接端，最大值为 53MPa，远小于材料 235MPa 的屈服强度，因此，材料的强度满足设计要求。

从图 4-32 中可以看出，轴的最大变形发生在中间部位，最大变形量为 0.025mm，可以忽略不计，因此，轴的刚度满足设计要求。

b. 连接板的应力应变分析。连接板承受弹簧和负载的双重作用力，由于机构设计过程中采用对称设计，因此，4 根连接板受力情况可以分为两种，即由主轴在弹簧作用下的弹力和负载作用下的负载力。取某一时刻平衡位置时，假设电缆浮动支架达到平衡状态，则主轴处于平衡状态，即交叉的连接板也处于平衡状态，此时，两个力大小基本一致，因此，这里取受力较复杂的1根连接板（内侧）作为分析对象。

图4-33和图4-34所示为连接板的应力、应变云图。

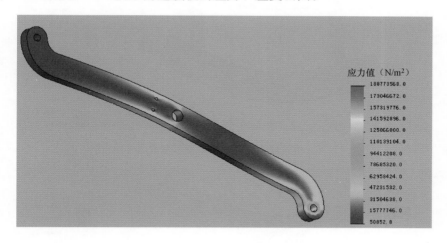

图4-33　连接板应力云图（变形放大1000倍）

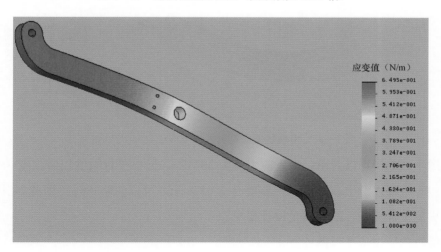

图4-34　连接板应变云图（变形放大1000倍）

从图4-35中可以看出，连接板最大应力值为125MPa，小于材料屈服强度235MPa，因此，材料的强度满足设计要求。

从图4-36中可以看出，连接板最大应变值为0.6mm，连接板仍处在弹性范围内，因此，材料刚度满足设计要求。

3）可滑移模块应力、应变分析。可滑移模块应力、应变分析可以分为对滑轨底座的分析和对槽钢的应力分析，进行分析时考虑到工作载荷以及估计支座重量共计：228kg＋50kg＝278kg。对滑轨底座的应力、应变云图如图4-35和图4-36所示。

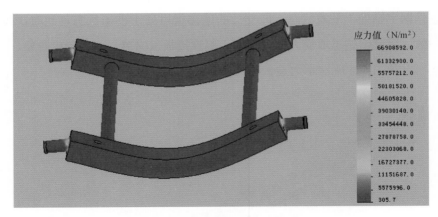

图 4-35　滑轨底座应力云图（变形量放大 1000 倍）

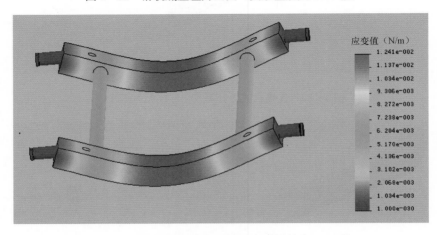

图 4-36　滑轨底座应变云图（变形量放大 1000 倍）

从图 4-35 中可以看出，最大应力值为 33MPa，远小于材料的屈服强度 235MPa。
从图 4-36 中可以看出，其最大变形量为 0.012mm，可以忽略不计。因此，滑轨底座
的强度满足设计要求，刚度满足设计要求。

对滑轨的应力应变云图如图 4-37 和图 4-38 所示。

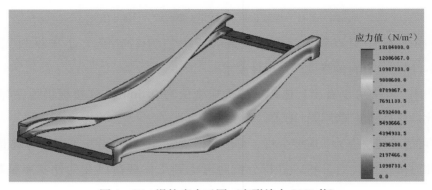

图 4-37　滑轨应力云图（变形放大 1000 倍）

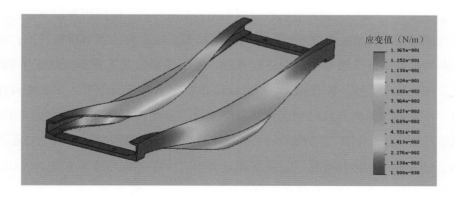

图 4 - 38　滑轨应变云图（变形放大 1000 倍）

从图 4 - 37 中可以看出，滑轨应力最大值约为 4.3MPa，远低于 235MPa 的材料屈服强度，因此，强度满足设计要求。从图 4 - 38 中可以看出，滑轨的最大应变约为 0.13mm，可以忽略不计，因此，材料刚度满足设计要求。

结论：通过验证分析，可见，该装置强度、刚度满足技术要求。

4.3.3　高落差电缆复合材料固定支架

1. 设计研制思路

（1）高落差敷设固定应具有固定（部分还需兼有转向定位固定要求）可靠的要求。根据现场情况把支架设计成门架形状的复合支架，支架由"带有三相抱箍可调节定位孔"的横挡杆和用于固定横挡杆的金属支座、立柱固定支撑架组成，根据高度和固定夹具数量的实际需求确定横挡杆数量和安装位置，从而组合搭设，构成"高落差大截面电缆固定支架"。

（2）采用环氧树脂塑料材料制作该横挡杆配合塑料抱箍，采用钢材料涂防锈漆方式制作固定支座，提高湿度环境下的防腐性能。

（3）支架应能够满足高落差电缆在长期热应力、最大短路电动力下刚性、挠性固定的强度要求，并具有一定的裕度。

2. 高落差电缆复合材料固定支架的结构特点

高落差大截面电缆固定支架拆分结构如图 4 - 39 所示。

高落差大截面电缆固定支架主要具备以下特点：

（1）"带有三相抱箍可调节定位孔"的环氧树脂横

图 4 - 39　落地式金属支座

挡杆。当前沉井 220kV 大截面电缆敷设以两回、4 回为主，按两边敷设方式，该横挡杆的长度能够满足两回路电缆平行敷设时的电缆抱箍固定孔位调节所需长度；定位孔按照大截面电缆平行敷设最小间距进行布置，便于现场电缆不同布置情况下的调节，通用性更强；横杆采用了圆管设计，电缆在落差情况下有转向角度，便于夹具在横挡上可以 360°旋转，保证夹具沿电缆自然方向夹持；该横挡杆上配置带有弹簧的抱箍，可根据实际需要进行刚性或挠性固定，横挡杆及抱箍也能够同时满足电缆自重、长期热应力、最大短路电动力情况下的可靠固定要求。十字扣固定支座如图 4 - 40 所示，环氧横挡杆抱箍安装孔位带有弹簧的塑料抱箍如图 4 - 41 所示。

图 4 - 40　十字扣固定支座　　　图 4 - 41　环氧横挡杆抱箍安装孔位带有弹簧的塑料抱箍

（2）立柱支撑架。在沉井楼面间安装立柱支撑架。立柱支撑架材料强度高，防腐性能满足高湿度环境长期运行。

（3）落地式金属支座。通过落地式金属支座可将横挡杆固定在坚实面上，适用于靠近沉井各楼面的位置，安装方便，强度高。

（4）十字扣固定金属支座。通过十字扣固定金属支座可将横挡杆牢固固定在支撑架上，适用于沉井楼面间的位置，安装方便，强度高。

高落差电缆复合材料固定支架以大截面电缆抱箍的最小间距为参考，通过设置满足强度的多孔位抱箍固定孔位，可适应不同尺寸沉井、不同弯曲半径电缆固定的要求，适用更为广泛，如以 220kV 长江变电站—无锡东牵引站工程的某个桥架至隧道段落为设计参考，通过高落差电缆复合材料固定支架的组合应用，可便捷高效地完成固定安装。

门架安装示意图如图 4 - 42～图 4 - 45 所示。

3. 装置参数设计及验证

高落差电缆复合材料固定支架应能够满足电缆自重、热应力、电动力情况下的受力，其主要有以下几个关键部件：门架横挡杆、十字扣夹具、塑料抱箍。

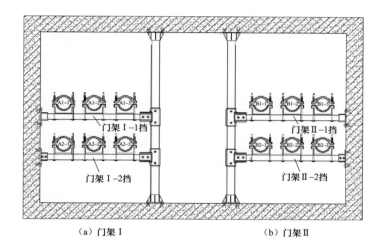

（a）门架Ⅰ　　　　　　　　　　　（b）门架Ⅱ

图 4-42　门架Ⅰ、Ⅱ示意图

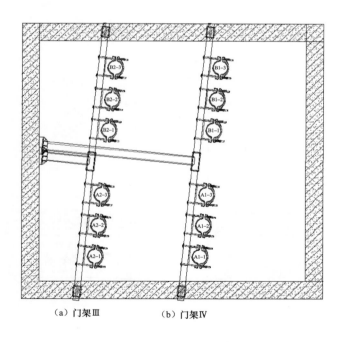

（a）门架Ⅲ　　　　　　　　　　　（b）门架Ⅳ

图 4-43　门架Ⅲ、Ⅳ示意图

　　关键部件设计及应力仿真计算分析。根据回路数将单回路支架横挡杆设计为
1.3m、$\phi 70 \times 10$mm 的圆管，双回路支架横挡杆设计为 2.7m、$\phi 70 \times 10$mm 的圆管，立
柱支撑架采用 $\phi 100 \times 10$mm 复合材料管，进行应力仿真计算、分析如下。

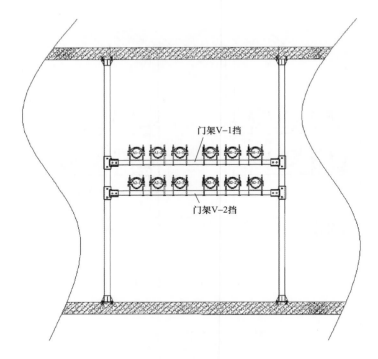

图 4 - 44　门架 V 示意图

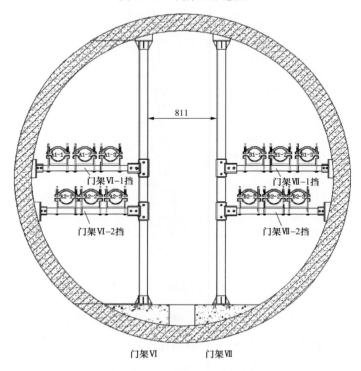

图 4 - 45　门架 VI、VII 示意图

1）单回路门架横挡静应力分析（横挡长 1300mm）如图 4 - 46～图 4 - 49
所示。

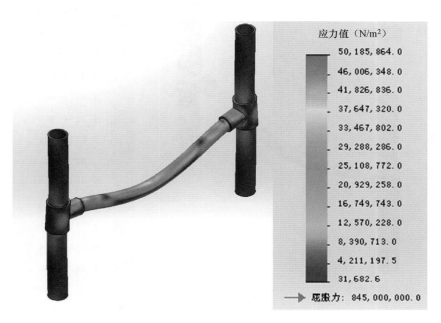

图 4 - 46　1300mm 单回路支架应力分析

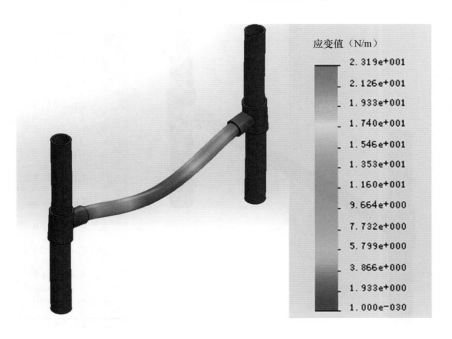

图 4 - 47　1300mm 单回路支架位移分析

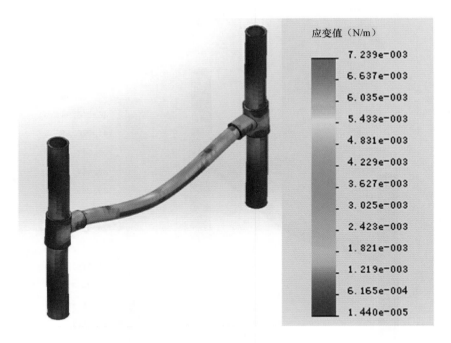

图 4-48　1300mm 单回路支架应变分析

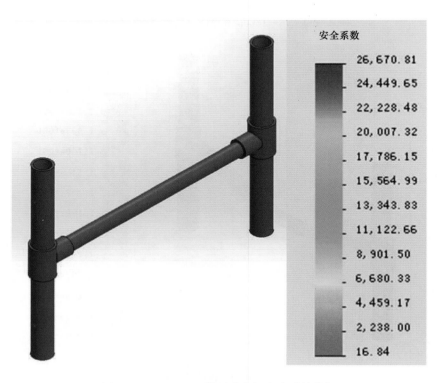

图 4-49　1300mm 单回路支架安全系数分析

结论：

如图4-46～图4-49所示，门架跨度为1.3m时，在固定两立柱的情况下，横梁分3点总共承受5000N力作用下，最大变形为23.1946mm，最小安全系数为16.8374。

2）双回路支架横挡静应力分析（横挡长2700mm，不加斜支撑）如图4-50～图4-53所示。

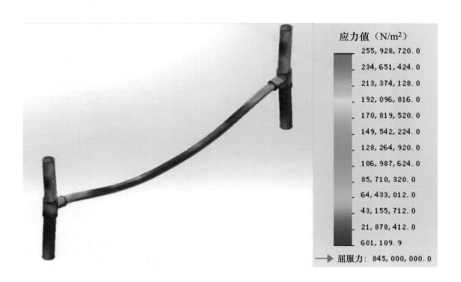

图4-50　2700mm双回路支架应力分析

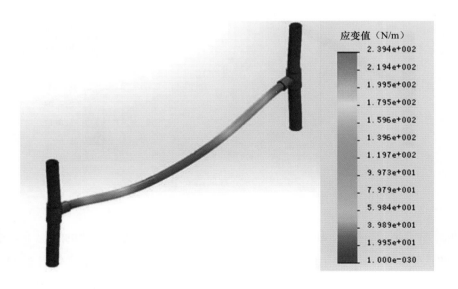

图4-51　2700mm双回路支架位移分析

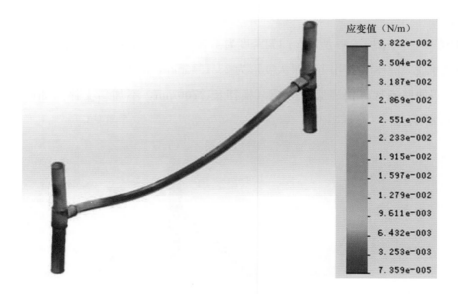

图4-52 2700mm双回路位移应变分析

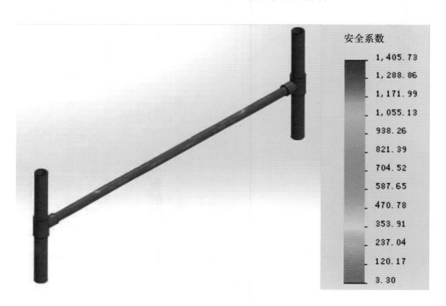

图4-53 2700mm双回路安全系数分析

结论：

如图4-50～图4-53所示，门架跨度为2.7m，在固定两立柱的情况下，横梁分3点总共承受10000N力作用下，最大变形为239.36mm，最小安全系数为3.3017。可见，此时变形较大，安全系数小，因此，要对门架中间加支撑物，该支撑物为沿作用力的反方向设计。

3）双回路支架横挡静应力分析（横挡长 1300mm，加斜支撑）如图 4-54~
图 4-57 所示。

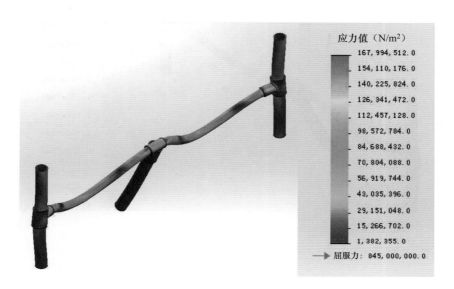

应力值（N/m²）

167,994,512.0
154,110,176.0
140,225,824.0
126,341,472.0
112,457,128.0
98,572,784.0
84,688,432.0
70,804,088.0
56,919,744.0
43,035,396.0
29,151,048.0
15,266,702.0
1,382,355.0

→ 屈服力：845,000,000.0

图 4-54　2700mm 双回路带支撑应力分析

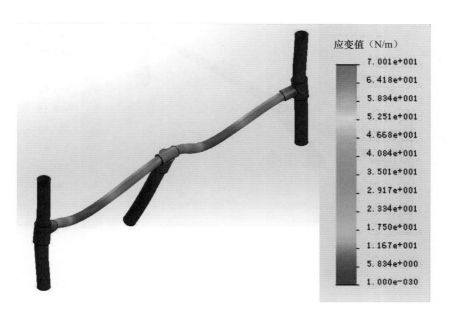

应变值（N/m）

7.001e+001
6.418e+001
5.834e+001
5.251e+001
4.668e+001
4.084e+001
3.501e+001
2.917e+001
2.334e+001
1.750e+001
1.167e+001
5.834e+000
1.000e-030

图 4-55　2700mm 双回路带支撑位移分析

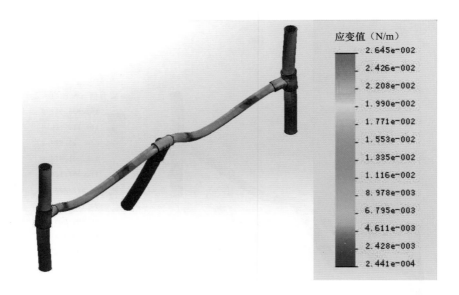

图 4-56　2700mm 双回路带支撑应变分析

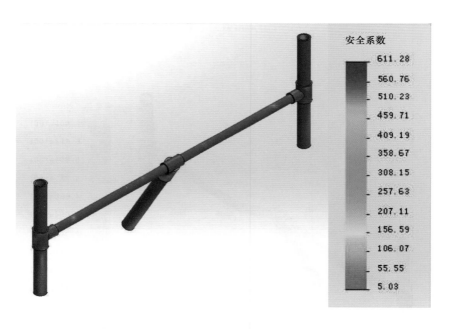

图 4-57　2700mm 双回路带支撑应变分析

结论：

如图 4-54～图 4-57 所示，门架跨度为 2.7m，在固定两立柱的情况下，横梁分 3 点总共承受 10000N 力作用下，最大变形为 70.0128mm，最小安全系数为 5.02993。

根据对比在受力方向加斜撑，有助于提高结构件的安全系数，并减少挠度。因此，应选择加十字扣加横挡杆作为斜撑。

（4）十字扣横挡夹具静应力分析如图4-58～图4-61所示。

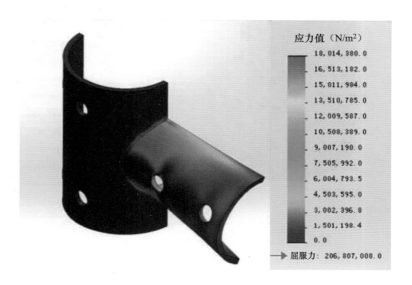

应力值（N/m²）

18，014，380.0
16，513，182.0
15，011，984.0
13，510，785.0
12，009，587.0
10，508，389.0
9，007，190.0
7，505，992.0
6，004，793.5
4，503，595.0
3，002，396.8
1，501，198.4
0.0

→ 屈服力：206，807，008.0

图4-58　十字扣横挡夹具应力分析

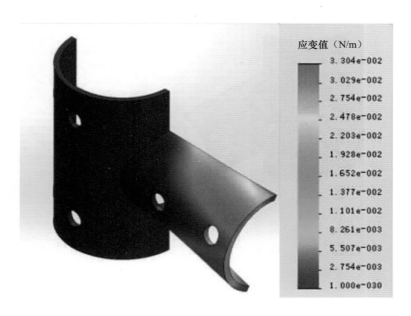

应变值（N/m）

3.304e-002
3.029e-002
2.754e-002
2.478e-002
2.203e-002
1.928e-002
1.652e-002
1.377e-002
1.101e-002
8.261e-003
5.507e-003
2.754e-003
1.000e-030

图4-59　十字扣横挡夹具位移分析

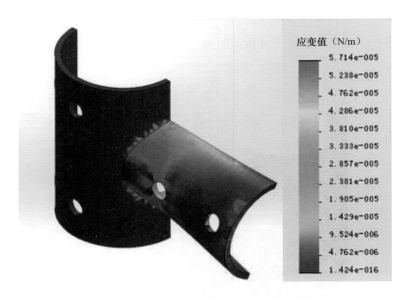

图4-60 十字扣横挡夹具应变分析

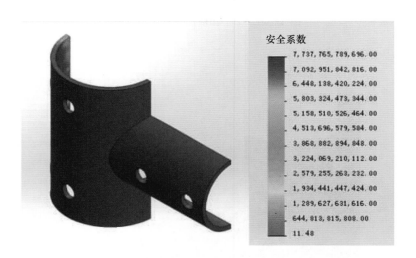

图4-61 十字扣横挡夹具安全系数分析

结论：

如图4-58～图4-61所示，复合材料夹扣在固定竖管内壁情况下，横管均匀承受500N力作用情况下，最大变形为0.0330442mm，最小安全系数为11.4801。可见，该设计可满足技术要求。

（5）抱箍应力分析如图4-62～图4-65所示。

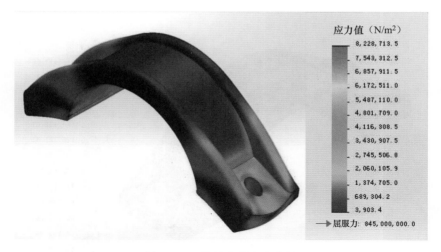

图 4-62　抱箍夹具应力分析

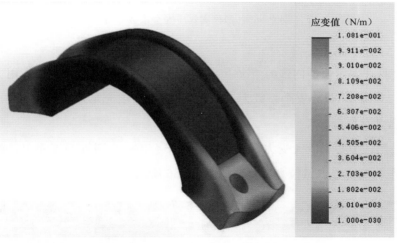

图 4-63　抱箍夹具位移分析

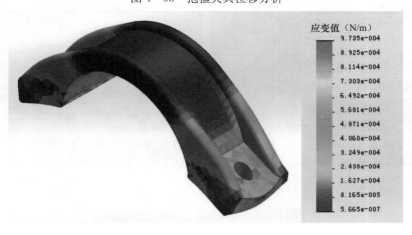

图 4-64　抱箍夹具应变力分析

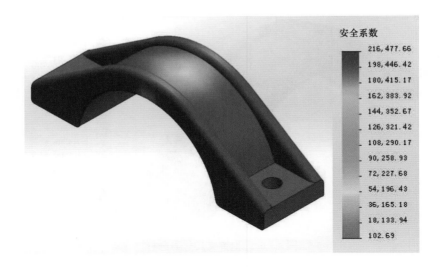

安全系数
216,477.66
198,446.42
180,415.17
162,383.92
144,352.67
126,321.42
108,290.17
90,258.93
72,227.68
54,196.43
36,165.18
18,133.94
102.69

图 4 - 65   抱箍夹具应安全系数分析

结论：

电缆夹具在固定弧型内壁的情况下，两端螺栓孔处增加 1764N 力作用下，最大变形为 0.108119mm，最小安全系数为 102.689，安全裕度充足，满足技术要求。

4. 工器具试验验证

（1）横挡杆中心点最大受力试验。将 3m 长 $\phi70\times10$ 圆管两端固定，跨距不小于 2.6m，在距两端中心点做拉力试验，如图 4 - 66 所示。

（a）两边550mm处，水平各拉到1t，观察管子没有明显裂纹出现，挠度为11cm

（b）两边550mm处，水平各拉到1.5t，观察管子没有明显裂纹出现，挠度为15cm

图 4 - 66   横挡杆中心点最大受力试验

结论：按电缆重力模拟试验，两端受力点各加负载 1t，安全系数达到 2，中心点挠度为 11cm，横挡除有弯曲外，没有其他异常；在横挡中心点加负载 1.5t 时，对于两侧受力的安全系数为 8 左右，中心点挠度为 15cm，横挡除有一定挠度外，无其他异常情况。说明该材料韧性较好，受力后挠度较大，但有足够的安全系数来满足现有电缆运行的力学要求。

（2）电缆夹具试验图。拉力 15kN 受力试验图如图 4-67 所示。

结论：在 15kN 拉力作用下，抱箍未发生变形，说明该材料机械性能良好，有足够的安全系数来满足现有电缆运行的力学要求。

图 4-67　拉力 15kN
受力试验图

4.3.4　高落差、狭小空间"可调式适位固定"配套夹具的应用

"可调式适位固定"施工方法及配套夹具的应用情况良好，有效地保证了高落差连续敷设的大截面电缆工程的施工质量，提高了施工效率。

从应用效果看，"可调式适位固定"施工方法及配套夹具有以下几个特点：

（1）高落差可调式适位固定方法，通过配套夹具研制，根据现场环境计算确定合适的安装位置、间距、角度、组合方式等安装方式，可实现不低于 50m 不同落差竖井（工井）的灵活固定，满足 200m 及以下拉管热应力释放和 6~8m 长的狭小安装环境的要求，确保高落差狭小环境固定安全，作业灵活、高效、可靠。

（2）发明了高落差电缆复合材料固定支架，实现了不同高度落差竖井（工井）的灵活固定。通过电动力等计算和试验校核，确定其横向拉力、承重压力关键指标，选择新型树脂基体和玻璃纤维增强材料一体化制作工艺，同机械强度下，重量仅为铝合金支架的 69%、价格仅为其 1/3（3 副一组，降低 0.36 万元/组），耐腐蚀，绝缘性能佳，使用寿命达 50 年，具有可观的经济效益。高落差电缆复合材料固定支架如图 4-68 所示。

（3）可滑移高压电缆浮动组合固定装置解决了传统铝合金装置在狭小环境无法安装的难题，降低成本 45 万元/组。通过热应力计算和试验校核，采用弹簧平衡重力、高压电缆浮动支架剪刀式上下浮动 0.2m 和滑动槽前后滑动 1.2m 的组合装配方式，实现了 200m 大截面电缆拉管热应力释放和电动力固定，与传统热应力释放装置相比，长度减小约 76%，重量降低 60%，降低成本 45 万元/组。可满足 6~8m 长的狭小空间环境的良好应用。

可滑移的高压电缆浮动组合固定装置如图 4-69 所示。

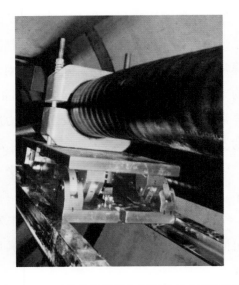

图 4-68　高落差电缆复合材料固定支架　　图 4-69　可滑移的高压电缆浮动组合固定装置

目前，使用可滑移高压电缆浮动组合固定装置固定工艺方法及工器具的电缆线路，投入运行均运行良好，各项带电检测数据良好，证明达到研究预期目标。

5 | 高落差、多振动源环境下的局部放电检测及综合指纹库研究

高落差、大截面高压电缆线路的电压等级高、供电范围广、负荷容量大，多为变电站重要进出线或高铁、地区重要招商引资企业等重要用户供电线路，其供电可靠性要求极高，一旦出现故障，易引起巨大的经济损失，造成较大的社会影响。因此，准确、高效的试验检测技术对于其基建把关、及时发现潜在绝缘缺陷具有十分重要的意义。目前，国内外电缆局部放电带电检测设备种类繁多，现场检测方法各异，应用的干扰信号分离方法原理不同，衰减补偿计算模型不同，造成了其缺陷劣化判据不统一，准确性也受到局限。真正应用于实际运行的电缆线路，相关的经验和数据非常缺失，如缺乏相关的信号分离图谱库数据等，从而阻碍了复杂运行条件下交联电缆绝缘缺陷检测与诊断技术的应用和发展。基于此，本书介绍 CPDM（脉冲电流法）系统局部放电带电检测与诊断技术，首先介绍缺陷电缆及附件标本，通过实验室检测试验分别获得各种缺陷基于脉冲电流法的综合脉冲时域及其频谱分布、各个频段的谱图、信号统计及特征分离谱图，通过分析建立统计算子，创建典型缺陷局部放电指纹库；同时结合无锡及江苏其他部分地区现场实测数据，获得现场高压钠灯、噪声、电晕干扰典型干扰局部放电特征数据，作为典型局部放电缺陷指纹库的补充。通过局部放电指纹库的应用，解决单纯依赖检测人员经验对信号进行识别带来的对检测人员经验要求高、分析耗时长、工作效率低的问题。

5.1 电缆及附件典型缺陷库

通过收集、汇总、整理国内外相关技术文献以及积累的历史数据，统计分析高落差、多振动源环境下的高压电缆故障类型、故障概率分布和故障原因。通过调研发现，高落差环境易引起固定不当、封铅脱落、渗漏油缺陷；高落差环境下接地线较长易引起失窃及其引起的护层悬浮甚至延燃缺陷；多振动源导致的金属护层甚至主绝缘长期

频繁振动损伤等缺陷；通道高差大易引起接头进水缺陷；终端安装位置高起吊引起的预制式附件安装错位缺陷；安装平台高安装、监督难度大引起的施工安装质量不当（附件内本体外屏蔽层断口尖端、附件内本体外屏蔽层断口气隙、附件内本体主绝缘回缩、附件内本体主绝缘表面导电颗粒悬浮、附件内本体主绝缘切向气隙）等缺陷，经统计最终形成汇总分析该类型电缆线路的绝缘薄弱环节和易发生故障部位，研究导致高压电缆运行故障的主要技术原因和关键因素，确定了电缆本体和终端在敷设、施工、安装、运行等环节中产生的典型缺陷，为使基础研究成果便于指导实践应用，统筹考虑了缺陷的代表性与缺陷类型的全面性，最终形成以下 10 类典型缺陷集合，缺陷种类如表 5-1 所示。

表 5-1 典型缺陷类型集

序号	缺陷类型	缺陷描述
1	接头进水	通道高差大，接头通道内水位高。安装电缆接头时，若接头侧电缆本体已进水（线芯或金属套破损进水）、若接头尾管与本体金属套断口焊接密封性不够以及留有孔/缝或者若接头铜壳引出线端密封性不够留有孔/缝，在接头长期泡水运行中，水渗入接头内引起本体绝缘或复合绝缘水树老化，进而产生电树，引起树枝放电
2	终端固定不当、封铅开裂漏油	高落差环境易引起固定不当导致封铅开裂，造成渗漏油缺陷；或绝缘油管中油未充满，绝缘硅油未进行加热脱气脱水处理，长期运行中会导致绝缘油在水分、空气和畸变电场共同作用下发生化学反应产生聚合物，最终引发局部放电
3	护层损伤	电缆高落差环境运行中，电缆终端接地线失窃导致本体外护套、金属套甚至主绝缘上造成放电损伤，电缆可能短时不击穿，但致使电缆损伤处电场畸变，产生明显放电
4	本体损伤	多振动源下电缆主绝缘损伤，电缆可能短时不击穿，但致使电缆损伤处电场畸变，产生明显放电
5	附件内本体外半导电屏蔽层断口尖端	电缆高落差环境下安装条件恶劣，安装、监督难度大。安装电缆附件时需要去掉一段电缆本体外屏蔽层，如果外屏蔽层断口处处理不当，可能会有半导电屏蔽层突起，产生电场集中，沿主绝缘表面向导体压接管方向爬电
6	附件内本体外半导电屏蔽层断口气隙	电缆高落差环境下安装条件恶劣，安装、监督难度大。安装电缆附件时需要去掉一段电缆本体外屏蔽层，在外屏蔽层断口处应该打磨使断口处平滑，若不打磨或打磨不达标，该断口处会产生台阶，在附件安装后会在外半导电层屏蔽断口处形成气隙，产生电场集中，容易引发局部放电
7	附件内本体主绝缘回缩	电缆高落差环境下安装条件恶劣，安装、监督难度大。安装电缆接头时需切断电缆本体，加热校直释放绝缘内部的应力时间不够，可导致电缆绝缘回缩，在接头中产生气隙，严重情况下可回缩出高压屏蔽。在高电场作用下，气隙很快就会产生局部放电，导致中间接头被击穿

序号	缺陷类型	缺 陷 描 述
8	附件内本体主绝缘表面导电颗粒悬浮	电缆高落差环境下安装条件恶劣，安装、监督难度大。安装电缆附件时需要去掉一段电缆本体外屏蔽层露出主绝缘，如果施工时外屏蔽层有残留或者有导电杂质附着在主绝缘表面，会产生悬浮电位，从而引发局部放电
9	附件内本体主绝缘切向气隙	电缆高落差环境下安装条件恶劣，安装、监督难度大。安装电缆附件时需要去掉一段电缆本体外屏蔽层露出主绝缘，为了使该段主绝缘上不残留外屏蔽层，需要用砂纸沿着主绝缘切向打磨，如果打磨深度没有把握好，会伤到主绝缘，在主绝缘上形成长条形气隙，产生电场集中，容易引发局部放电
10	预制式附件安装错位	高落差环境，预制式附件安装完毕起吊，易引起应力锥移位

5.2 电缆及附件典型缺陷模拟

选用本体无局部放电的 110～220kV XLPE 电缆、电缆预制式接头、电缆复合套户外终端以及脱离子试验水终端组成试品系统，将表 5-2 中缺陷分别制作在电缆本体或附件中，旨在有效模拟电缆在实际运行中可能引发故障的隐患点，其中接头进水、终端少油、护层损伤、本体损伤、附件内本体外屏蔽层断口尖端缺陷模拟未见相关文献报道。试品系统组成如表 5-2 所示，典型缺陷类型和制备如表 5-3 所示，各种缺陷制作如图 5-1 所示。

表 5-2 　　　　　　　　　　 110～220kV 电缆试品系统组成

序号	电缆本体	试验水终端	电缆附件	缺陷类型
1	新，无局部放电	无局部放电	新，预制式接头，无局部放电	接头进水
2	新，无局部放电	无局部放电	新，复合套终端，无局部放电	终端少油
3	新，无局部放电	无局部放电	无	护层损伤
4	新，无局部放电	无局部放电	无	本体损伤
5	新，无局部放电	无局部放电	新，预制式接头，无局部放电	附件内本体外屏蔽层断口尖端
6	新，无局部放电	无局部放电	新，预制式接头，无局部放电	附件内本体外屏蔽层断口气隙
7	新，无局部放电	无局部放电	新，预制式接头，无局部放电	附件内本体主绝缘回缩
8	新，无局部放电	无局部放电	新，预制式接头，无局部放电	附件内本体绝缘表面导电颗粒
9	新，无局部放电	无局部放电	新，预制式接头，无局部放电	附件内本体主绝缘切向气隙
10	新，无局部放电	无局部放电	新，预制式接头，无局部放电	预制式附件安装错位

表 5 - 3   **典型缺陷类型和制备**

序号	缺陷类型	缺陷尺寸	制作方法
1	接头进水	接头内部电缆本体线芯、压接管内、铜壳内含自来水	接头侧电缆浸入水中24h，接头安装中按应力锥底部与外半导电层断口错位由内到外结构顺序，分层注水
2	终端少油	终端油量不足，油位为正常油位的1/4	终端安装时，注入绝缘硅油至要求油位，不加热脱气、脱水
3	护层损伤	切割损伤轴向宽度为10cm，外屏蔽层切痕为5cm，深度为2mm	在电缆本体上，用电锯锯开外护套、金属套，并在外屏与主绝缘上切割要求尺寸的伤痕
4	本体损伤	穿刺孔直径为3cm，深度约为1cm	在电缆本体上，用电钻钻透外护套、金属套与外屏，并在主绝缘上钻出要求尺寸的伤痕
5	附件内本体外屏蔽层断口尖端	尖端为等腰三角形，底宽为4mm，高为12mm，间距为8mm	外半导电端口处打磨平滑，留有尖端
6	附件内本体外屏蔽层断口气隙	气隙为等腰三角形，底宽7mm，高1cm，深度约为4mm	制作接头时，去掉外屏蔽层后，用刀沿其断口处划出要求尺寸的缺陷
7	附件内本体主绝缘切伤	切伤直径为2cm，深度约为8mm	安装接头时，在电缆本体主绝缘上用刀划出要求尺寸的缺陷
8	附件内本体主绝缘表面导电颗粒悬浮	颗粒附着面积约为7cm×7.5cm	安装接头时，在本体主绝缘上按要求涂抹金属导电粉末
9	附件内本体主绝缘切向气隙	切向气隙距外半导电断口3.6cm，切口为3cm×8mm，最大深度8mm	安装接头时，在电缆本体主绝缘上用刀划出要求尺寸的缺陷
10	预制式附件安装错位	外屏蔽层断口边沿与应力锥尾端外边沿错开5mm	安装接头时将应力锥底部与外屏蔽层断口人为错位

(a) 接头进水缺陷

图 5 - 1 各种缺陷制作（一）

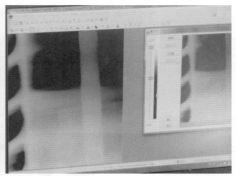

（b）终端少油缺陷

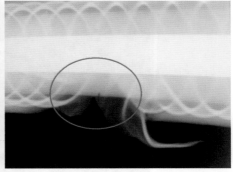

（c）护层损伤缺陷

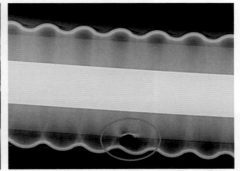

（d）本体损伤缺陷

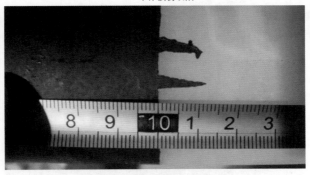

（e）外屏蔽层断口尖端缺陷

图 5-1　各种缺陷制作（二）

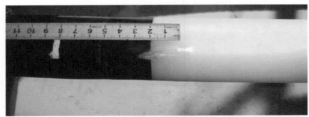

（f）外屏蔽层断口气隙缺陷

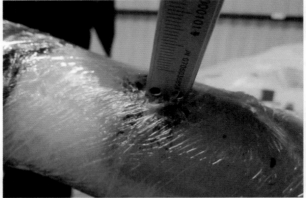

（g）本体主绝缘切伤缺陷

（h）主绝缘表面导电颗粒悬浮缺陷

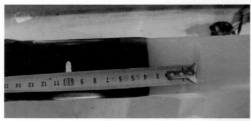

（i）本体主绝缘切向气隙缺陷

（j）预制式附件安装错位缺陷

图 5-1　各种缺陷制作（三）

5.3 电缆及附件典型缺陷局部放电特性分析

5.3.1 典型缺陷局部放电研究试验

由 220kV 交联电缆、复合套终端、预制式接头、脱离子试验水终端以及相关辅助材料组成电缆试品系，分别按照表 5-2 制作典型缺陷，采用 CPDM（脉冲电流法）局部放电带电检测设备，应用何光华工作室联合实验室——无锡远东电缆公司的高压实验室，进行局部放电特性试验研究。试验研究现场如图 5-2 所示。

图 5-2　220kV 含缺陷电缆试品局部放电试验

CPDM 局部放电带电检测设备采用脉冲电流电磁耦合原理来检测试品金属套引出接地线中局部放电电流信号在 20kHz～20MHz 频域范围的分量。HFCT 传感器卡在电缆的终端或接头金属护套接地线上，具体的做法：在电缆终端接地引线、中间接头两侧的金属护套引线处，安装一个带气隙环形可闭合的高频 TA 采集局部放电信号。由于局部放电行波信号会沿着电缆传播，所以，安装在电缆终端或接头位置的传感器不但可以检测到发生在附件部位的局部放电，同时也可以检测到发生在电缆本体的局部放电信号。传感器实物如图 5-3 所示。

图 5-3　基于电磁耦合原理的 HFCT

5.3.2　局部缺陷放电状态表征与特征提取的研究

1. 电缆典型缺陷局部放电原始信号提取与处理

局部放电信号检测、提取和识别的关键技术完全基于局部放电过程信息的完整、实时和有效获取。特别是局部放电特征分析、特征指纹数学模型建立和计算处理均要求放电信号波形特征信息的完整性、准确性和可靠性。

局部放电本身是比较复杂的物理现象，必须通过多种表征参数才能较全面地描述一种缺陷产生的局部放电状态。特征提取就是从局部放电信号的诸多特征中找出那些能够表征该信号特性的有效参数，这些参数就是局部放电状态的特征量。通过对局部放电信号的状态表征和特征提取，为局部放电模式识别和绝缘状况诊断奠定基础。图 5-4 示出了完整的局部放电信号处理流程，同时也表示局部放电检测与分析处理的完整形态。

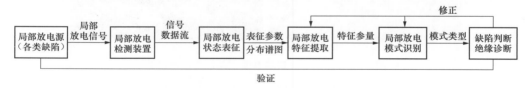

图 5-4　局部放电信号处理流程

2. 电缆典型缺陷局部放电表征与特征提取

局部放电的基本表征参数常用的有视在放电电荷 q_a、放电重复率 N、放电能量 W、平均放电电流 $I_{average}$、放电功率 P、起始电压 U_{PDIV}、熄灭电压 U_{PDEV} 等。

近年来，采用计算机辅助的局部放电多功能测试系统可以快速地采集在一定时间内各次放电的放电量、放电时对应的外加电压的瞬时值及相位。经过统计处理可以得出各种分布谱图，这些分布谱图更能表征局部放电的概貌。目前，应用较多的局部放电分布谱图类型有脉冲序列相位分布关系图（Phase Resolved Pulse Sequence，PRPS）、局部放电相位分布关系图（Phase Resolved Partial Discharge，PRPD）、Δu（电压差）相关模式、局部放电时间分布关系图（Time Resolved Partial Discharge，TRPD）、放电时域波形等。

在局部放电模式识别中，无论选择放电原始时域波形，还是谱图来描述放电类型，其数据量都相当大，如果直接识别放电谱图，将会很困难。因此，提取局部放电特征就显得尤为重要。目前，局部放电模式特征提取常用的方法主要有统计特征参数法、分形特征参数法、数字图像矩特征参数法、小波特征参数法、波形特征参数法等。

模式识别理论诞生于 20 世纪 60 年代，20 世纪 70 年代模式识别技术被首次应用于局部放电识别中，替代放电谱图的人工目测判断，提高了局部放电模式识别的科学性和有效性。目前主要的模式识别方法有统计模式识别、句法模式识别、模糊数学方法、人工神经网络方法和人工智能等方法。

不同的测量系统采集局部放电信号后可得到不同的局部放电分布谱图用于放电特性分析、模式识别和绝缘状况诊断。利用上海电缆输配电公司提供的在线检测装置可以在局部放电试验中获取 PRPD 谱图和放电脉冲时域波形。

PRPD 谱图也称为 n—q—Φ 模式谱图，可用来描述局部放电发生的工频相位（$0°\sim360°$）、放电量幅值 q 和放电次数 n 之间的关系。

放电脉冲时域波形不同于分布谱图，具有复杂的随机性，无法用基本表征参数——放电能量 W、平均放电电流 I_{avreage}、放电功率 P、起始电压 U_{PDIV}、熄灭电压 U_{PDEV} 来描述，但可以采用时域波形的三、四阶特征参量来萃取放电特性，包括峭度 K_u、偏斜度 S_k、不对称度 A_{sy}、局部峰点数 P_e 等，其实质是将单次放电波形上的每个采样时刻的采样点作为一个随机变量值进行统计分析。部分统计算子如下：

（1）峭度 K_u。K_u 描述随机变量的概率分布集中于均值的程度，或者随机变量的增加速度，即分布函数的变化陡度。假定随机变量 X 的概率分布函数为 $f(x)$，均值为 μ，方差为 σ^2，放电次数为 N，则

$$K_u = \sum_{i=1}^{N} (x_i - \mu)^4 f(x_i) / \left[\sigma^4 \sum_{i=1}^{N} f(x_i) \right] - 3 \tag{5-1}$$

用局部放电信号在各采样时刻的采样值 q_i 和该值在该次放点信号中出现的概率 p_i 分别替代 x_i 和 $f(x_i)$，则式（5-1）可表示为

$$K_u = \sum_{i=1}^{N} (q_i - \mu)^4 p_i / \left(\sigma^4 \sum_{i=1}^{N} p_i \right) - 3 \tag{5-2}$$

（2）偏斜度 S_k。S_k 描述随机变量的概率分布的对称性。同 K_u 一样，把局部放电

时域信号波形上的每个采样值作为随机变量，由式（5-2）的假设得

$$S_k = \sum_{i=1}^{N} (x_i - \mu)^3 f(x_i) / \left[\sigma^3 \sum_{i=1}^{N} f(x_i) \right] \qquad (5-3)$$

若用某种分布参量和其出现的概率来代替 x_i 和 $f(x_i)$，就得到该种分布的 S_k。由式（5-3），可见 S_k 为某一分布关于某一单次放电波形对应参量均值的对称程度。$S_k > 0$ 为分布函数均值正不对称；$S_k = 0$ 为分布函数均值完全对称；$S_k < 0$ 为分布函数均值反不对称。

（3）不对称度 A_{sy}。表征正负半周中放点脉冲高度分布的对称性，即

$$A_{sy} = N_2 \sum_{i=1}^{N_2} q_i^- / N_1 \sum_{i=1}^{N_1} q_i^+ \qquad (5-4)$$

式中　N_1、N_2——负、正半周局部放点脉冲次数；

　　　　q_i^+、q_i^-——负、正半周局部放点脉冲高度。

如果以相位窗为单位计，则 N_1 和 N_2 分别为负、正半周相位窗数；q_i^+ 和 q_i^- 分别为负、正半周第 i 个相位窗内的最大放电量。

5.3.3　典型缺陷特征数据及分析

依托劳模创新室联合实验室，对制作的真型模型进行局部放电特征检测。

（1）典型缺陷局部放电时域单脉冲波形及频域特性如图 5-5～图 5-14 所示。

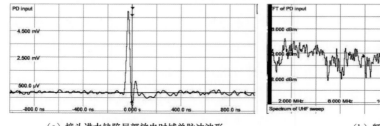
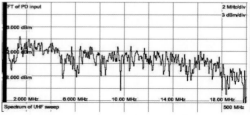

（a）接头进水缺陷局部放电时域单脉冲波形　　　　　　（b）频域特性分析

图 5-5　接头进水缺陷局部放电特征波形

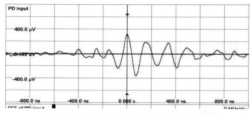
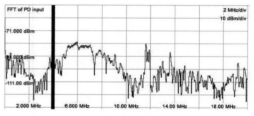

（a）终端少油缺陷局部放电时域单脉冲波形　　　　　　（b）频域特性分析

图 5-6　终端少油缺陷局部放电特征波形

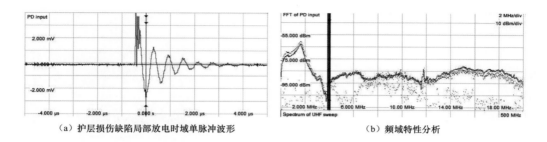

（a）护层损伤缺陷局部放电时域单脉冲波形　　　　　（b）频域特性分析

图 5-7　护层损伤缺陷局部放电特征波形

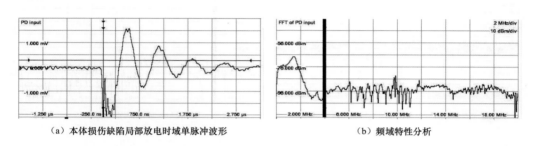

（a）本体损伤缺陷局部放电时域单脉冲波形　　　　　（b）频域特性分析

图 5-8　本体损伤缺陷局部放电特征波形

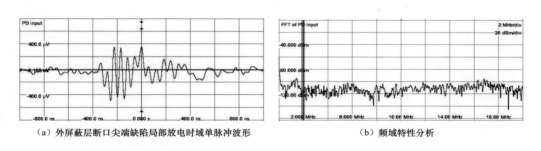

（a）外屏蔽层断口尖端缺陷局部放电时域单脉冲波形　　（b）频域特性分析

图 5-9　外屏蔽层断口尖端缺陷局部放电特征波形

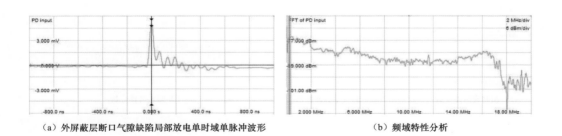

（a）外屏蔽层断口气隙缺陷局部放电单时域单脉冲波形　　（b）频域特性分析

图 5-10　护层损伤缺陷局部放电特征波形

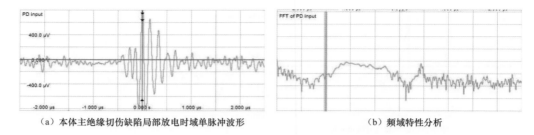

（a）本体主绝缘切伤缺陷局部放电时域单脉冲波形　　　　　（b）频域特性分析

图 5-11　本体主绝缘切伤缺陷局部放电特征波形

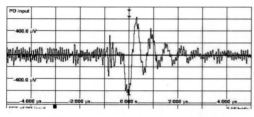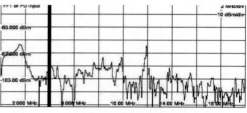

（a）主绝缘表面导电颗粒悬浮缺陷局部放电时域单脉冲波形　　　　（b）频域特性分析

图 5-12　主绝缘表面导电颗粒悬浮缺陷局部放电特征波形

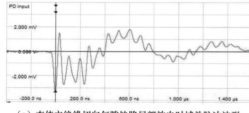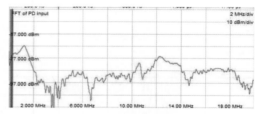

（a）本体主绝缘切向气隙缺陷局部放电时域单脉冲波形　　　　（b）频域特性分析

图 5-13　本体主绝缘切向气隙缺缺陷局部放电特征波形

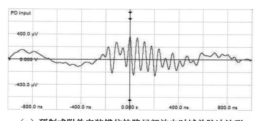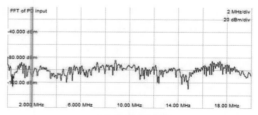

（a）预制式附件安装错位缺陷局部放电时域单脉冲波形　　　　（b）频域特性分析

图 5-14　预制式附件安装错位缺陷制局部放电单脉冲及其频域分析

（2）典型缺陷的 q—Φ 模式谱图如图 5-15 所示。

（3）典型缺陷的局部放电特征量表见表 5-4～表 5-13。

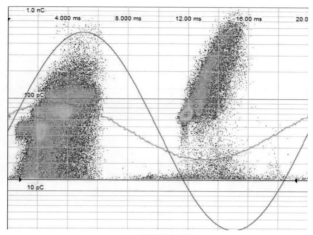

（a）接头进水缺陷

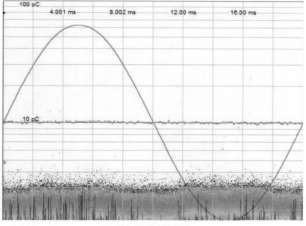

（b）终端少油缺陷

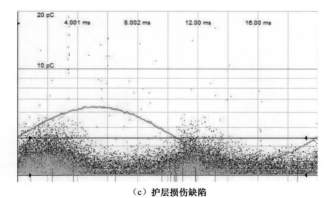

（c）护层损伤缺陷

图 5-15 典型缺陷的 q—Φ 模式谱图（一）

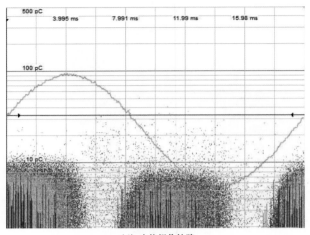

（d）本体损伤缺陷

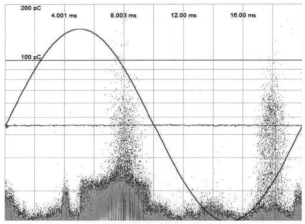

（e）外屏蔽层断口尖端缺陷

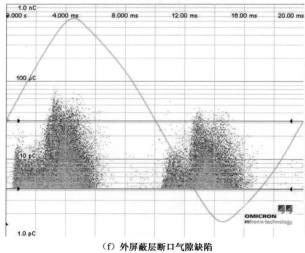

（f）外屏蔽层断口气隙缺陷

图 5-15　典型缺陷的 q—Φ 模式谱图（二）

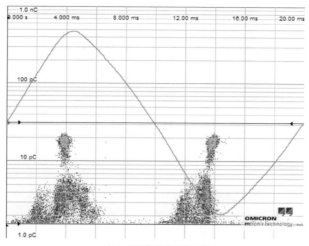

（g）本体主绝缘切伤缺陷

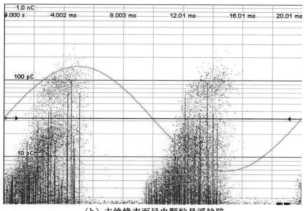

（h）主绝缘表面导电颗粒悬浮缺陷

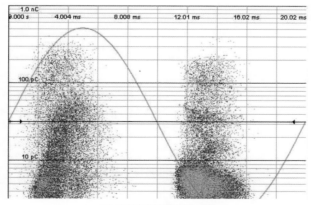

（i）本体主绝缘切向气隙缺陷

图 5-15 典型缺陷的 q—Φ 模式谱图（三）

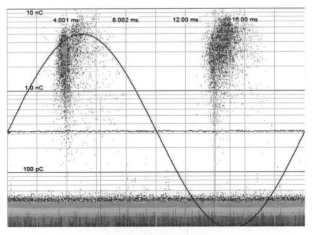

（j）预制式附件安装错位缺陷

图 5-15　典型缺陷的 q—Φ 模式谱图（四）

表 5-4　　　　　　　　　　　　**接头进水缺陷特征量表**

局部放电特征指纹	特征量	局部放电特征指纹	特征量
局部放电信号相位差（φ）	180°	局部放电出现时间（t/T）	0.98p. u.
放电重复率（N）	81PDs/s	放电信号上升沿时间 t_r	21ns
放电量幅值（Q）	982pC	放电信号下降沿时间 t_f	36ns

表 5-5　　　　　　　　　　　　**终端少油缺陷特征量表**

局部放电特征指纹	特征量	局部放电特征指纹	特征量
局部放电信号相位差（φ）		局部放电出现时间（t/T）	
放电重复率（N）		放电信号上升沿时间 t_r	33ns
放电量幅值（Q）	2.7pC	放电信号下降沿时间 t_f	85ns

表 5-6　　　　　　　　　　　　**护层损伤缺陷特征量表**

局部放电特征指纹	特征量	局部放电特征指纹	特征量
局部放电信号相位差（φ）	180°	局部放电出现时间（t/T）	1p. u.
放电重复率（N）	48PDs/s	放电信号上升沿时间 t_r	83ns
放电量幅值（Q）	3.5pC	放电信号下降沿时间 t_f	371ns

表 5-7　　　　　　　　　　　　**本体损伤缺陷特征量表**

局部放电特征指纹	特征量	局部放电特征指纹	特征量
局部放电信号相位差（φ）	180°	局部放电出现时间（t/T）	0.98p. u.
放电重复率（N）	66PDs/s	放电信号上升沿时间 t_r	277ns
放电量幅值（Q）	12.4pC	放电信号下降沿时间 t_f	485ns

表 5-8 外屏蔽层断口尖端缺陷特征量表

局部放电特征指纹	特征量	局部放电特征指纹	特征量
局部放电信号相位差（φ）	180°	局部放电出现时间（t/T）	0.99p.u.
放电重复率（N）	30PDs/s	放电信号上升沿时间 t_r	143ns
放电量幅值（Q）	172pC	放电信号下降沿时间 t_f	189ns

表 5-9 外屏蔽层断口气隙缺陷特征量表

局部放电特征指纹	特征量	局部放电特征指纹	特征量
局部放电信号相位差（φ）	180°	局部放电出现时间（t/T）	0.98p.u.
放电重复率（N）	41PDs/s	放电信号上升沿时间 t_r	38ns
放电量幅值（Q）	87pC	放电信号下降沿时间 t_f	86ns

表 5-10 本体主绝缘切伤缺陷特征量表

局部放电特征指纹	特征量	局部放电特征指纹	特征量
局部放电信号相位差（φ）	180°	局部放电出现时间（t/T）	0.99p.u.
放电重复率（N）	76PDs/s	放电信号上升沿时间 t_r	58ns
放电量幅值（Q）	20pC	放电信号下降沿时间 t_f	87ns

表 5-11 主绝缘表面导电颗粒悬浮缺陷特征量表

局部放电特征指纹	特征量	局部放电特征指纹	特征量
局部放电信号相位差（φ）	180°	局部放电出现时间（t/T）	0.97p.u.
放电重复率（N）	32PDs/s	放电信号上升沿时间 t_r	279ns
放电量幅值（Q）	312pC	放电信号下降沿时间 t_f	364ns

表 5-12 本体主绝缘切向气隙缺陷特征量表

局部放电特征指纹	特征量	局部放电特征指纹	特征量
局部放电信号相位差（φ）	170°	局部放电出现时间（t/T）	0.99p.u.
放电重复率（N）	53PDs/s	放电信号上升沿时间 t_r	34ns
放电量幅值（Q）	428pC	放电信号下降沿时间 t_f	66ns

表 5-13 预制式附件安装错位缺陷特征量表

局部放电特征指纹	特征量	局部放电特征指纹	特征量
局部放电信号相位差（φ）	170°	局部放电出现时间（t/T）	0.99p.u.
放电重复率（N）	35PDs/s	放电信号上升沿时间 t_r	18ns
放电量幅值（Q）	9nC	放电信号下降沿时间 t_f	35ns

（4）典型缺陷的 PRPD 谱图。为更全面表征各类缺陷的局部放电概貌，三维 PDRD 谱图采用了 $Hn(q、\Phi)$ 模式，表示在相位 Φ、放电量为 q 的放电次数 n。即将 q 和 Φ 划分成若干个小区间，在 $q—\Phi$ 平面上形成若干网格，统计每个网格内放电次数 n，即获得 $Hn(q、\Phi)$ 谱图。10 种典型缺陷放电模型局部放电试验获取的谱图如图 5-16 所示。

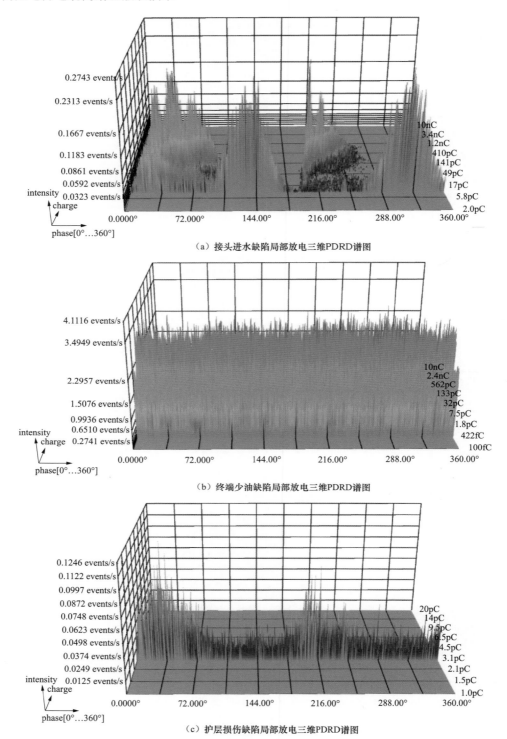

（a）接头进水缺陷局部放电三维PDRD谱图

（b）终端少油缺陷局部放电三维PDRD谱图

（c）护层损伤缺陷局部放电三维PDRD谱图

图 5-16　各种缺陷的局部放电 q—Φ—n 模式谱图 （一）

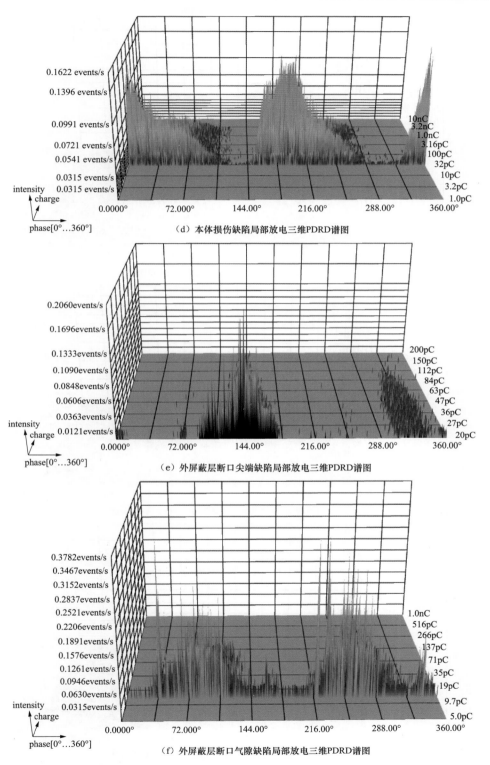

（d）本体损伤缺陷局部放电三维PDRD谱图

（e）外屏蔽层断口尖端缺陷局部放电三维PDRD谱图

（f）外屏蔽层断口气隙缺陷局部放电三维PDRD谱图

图 5-16　各种缺陷的局部放电 q—Φ—n 模式谱图（二）

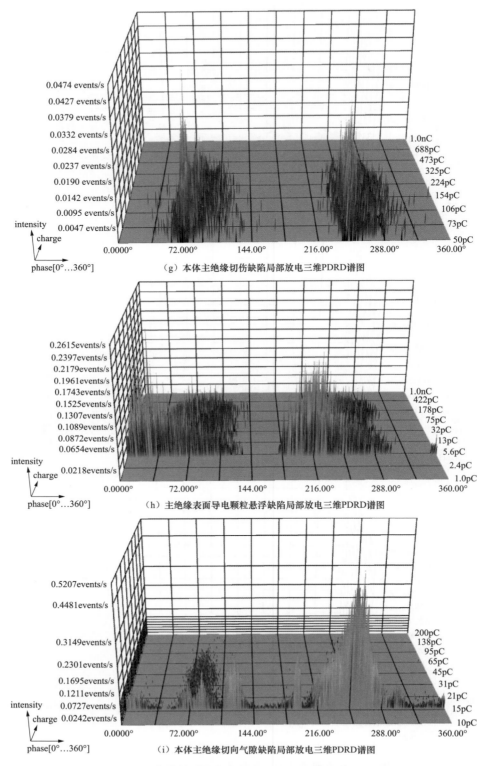

（g）本体主绝缘切伤缺陷局部放电三维PDRD谱图

（h）主绝缘表面导电颗粒悬浮缺陷局部放电三维PDRD谱图

（i）本体主绝缘切向气隙缺陷局部放电三维PDRD谱图

图 5-16　各种缺陷的局部放电 q—Φ—n 模式谱图（三）

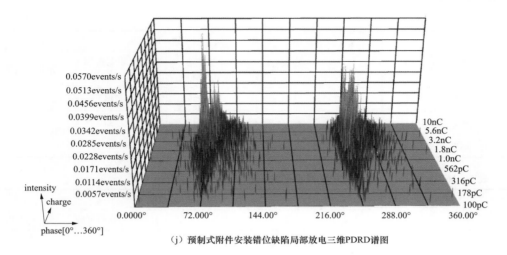

（j）预制式附件安装错位缺陷局部放电三维PDRD谱图

图 5-16　各种缺陷的局部放电 $q—\Phi—n$ 模式谱图（四）

（5）典型缺陷的统计算子见表 5-14～表 5-17。

表 5-14　　　　　　　　　高压电缆试品典型缺陷的 $\Phi—Q$ 统计算子（一）

特征参量		人 工 缺 陷				
		护层损伤	金属颗粒悬浮	本体损伤	外半导电断口气隙	半导体气隙
偏斜度	S_k^+	0.598	1.253	1.4244	−0.054	0.134
	S_k^-	0.526	1.463	1.5029	−0.092	−0.028
陡峭度	K_u^+	−0.337	0.491	−0.7411	−0.653	−1.129
	K_u^-	−0.382	0.422	−0.6458	−0.441	−1.405
峰值数	P_e^+	0.872	0.618	0.564	0.762	0.432
	P_e^-	0.721	0.590	0.480	0.449	0.679
不对称度	A_{sy}	1.033	0.717	0.807	0.813	0.621
修正互相关系数	m_{cc}	0.905	0.543	0.7869	0.532	0.485
相位系数	p_h	1.46	2.75	0.76	0.5	0.188

表 5-15　　　　　　　　　高压电缆试品典型缺陷的 $\Phi—Q$ 统计算子（二）

特征参量		人 工 缺 陷				
		接头进水	半导体尖端	主绝缘切向气隙	外半导电断口主绝缘切伤	预制件错位
偏斜度	S_k^+	1.021	−1.717	0.522	0.923	0.847
	S_k^-	1.153	−1.565	1.131	0.744	0.614
陡峭度	K_u^+	−0.798	1.266	0.903	−0.613	2.267
	K_u^-	1.02	2.195	−0.342	0.279	2.829
峰值数	P_e^+	0.892	0.541	0.743	0.452	0.632
	P_e^-	0.914	0.654	0.811	0.882	0.762

特征参量		人 工 缺 陷				
		接头进水	半导体尖端	主绝缘切向气隙	外半导电断口主绝缘切伤	预制件错位
不对称度	A_{sy}	1.642	0.696	0.599	0.214	0.914
修正互相关系数	m_{cc}	0.316	0.95	0.344	0.799	0.858
相位系数	p_h	0.522	3.75	3.25	0.92	1.21

表 5‑16 高压电缆试品典型缺陷的 $\Phi - n$ 统计算子（一）

特征参量		人 工 缺 陷				
		护层损伤	金属颗粒悬浮	本体损伤	外半导电断口气隙	半导体气隙
偏斜度	S_k^+	0.527	1.524	1.932	0.654	0.134
	S_k^-	0.493	1.633	1.491	0.619	−0.028
陡峭度	K_u^+	−0.397	1.116	−0.899	−0.448	−1.129
	K_u^-	−0.346	1.022	−0.748	−0.512	−1.405
峰值数	P_e^+	0.673	0.812	0.754	0.825	0.508
	P_e^-	0.382	0.524	0.763	0.239	0.832
不对称度	A_{sy}	0.932	0.832	0.816	0.224	0.712
修正互相关系数	m_{cc}	0.507	0.455	0.964	0.891	0.623
相位系数	p_h	1.46	2.75	0.76	0.5	0.188

表 5‑17 高压电缆试品典型缺陷的 $\Phi - n$ 统计算子（二）

特征参量		人 工 缺 陷				
		接头进水	半导体尖端	主绝缘切向气隙	外半导电断口主绝缘切伤	预制件错位
偏斜度	S_k^+	0.698	−1.160	0.334	0.382	1.128
	S_k^-	1.116	−1.806	1.321	0.251	0.824
陡峭度	K_u^+	−0.612	1.885	−0.476	−0.727	2.842
	K_u^-	2.211	2.438	−1.052	0.898	2.733
峰值数	P_e^+	0.653	0.343	0.423	0.803	0.569
	P_e^-	0.775	0.235	0.876	0.695	0.642
不对称度	A_{sy}	0.784	0.382	2.346	0.269	1.112
修正互相关系数	m_{cc}	0.697	0.404	0.287	0.838	0.692
相位系数	p_h	1.46	0.91	3.25	0.92	1.21

图 5‑17～图 5‑26 所示为 10 个缺陷的统计算子数值表。

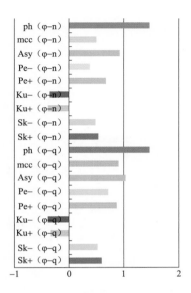

图 5-17　护层损伤缺陷统计算子

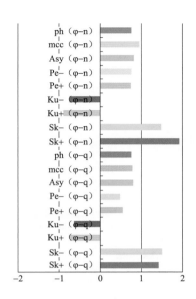

图 5-18　本体损伤缺陷统计算子

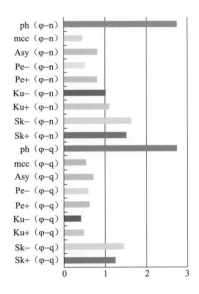

图 5-19　金属悬浮缺陷统计算子

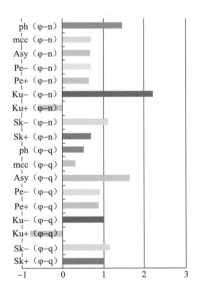

图 5-20　接头浸水缺陷统计算子

5.3.4　典型缺陷的特征分析

1. 接头进水缺陷放电信号分析

接头进水引发的放点主要集中在 $10°\sim100°$、$200°\sim280°$，$90°$ 和 $270°$ 附近放电强度最大，正负半周放电密度明显不对称，正半周期放电相位宽、密度大，而负半周放电相位窄、幅值高。放电时域波形上升沿时间为21ns，下降沿时间为36ns，上升沿时间小于下降沿时间，可判断为特征明显的局部放电信号。

2. 终端少油缺陷放电信号分析

终端少油缺陷未产生明显的局部放电图谱。

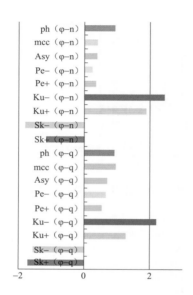

图 5-21　半导体尖端缺陷统计算子

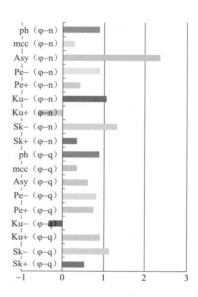

图 5-22　切向气隙缺陷统计算子

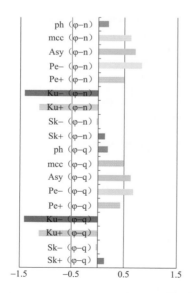

图 5-23　半导体气隙缺陷统计算子

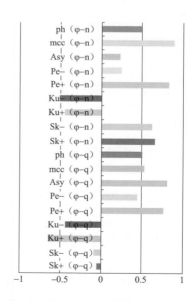

图 5-24　断口气隙缺陷统计算子

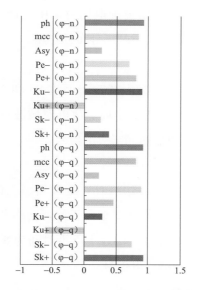

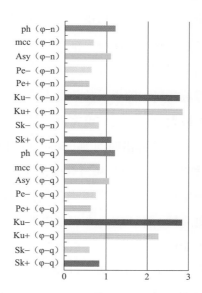

图 5-25　主绝缘损伤缺陷统计算子　　图 5-26　预制件错位缺陷统计算子

3. 护层损伤缺陷放电信号分析

护层损伤切割伤缺陷产生的放电主要集中于 0°～60°、180°～230°、30°和 200°附近放电强度最大，正负半周放点幅值无明显差异，正半周放电密度大于负半周。放电时域波形上升沿时间为 33ns，下降沿时间为 85ns，上升沿时间小于下降沿时间，可判断为特征明显的局部放电信号。

4. 本体损伤缺陷放电信号分析

电缆本体损伤产生的放电主要集中于 0°～90°、180°～270°，正半周放电幅值与放电密度均大于负半周。放电时域波形上升沿时间为 277ns，下降沿时间为 485ns，上升沿时间小于下降沿时间，可判断为特征明显的局部放电信号。

5. 外屏蔽层断口尖端缺陷放电信号分析

半导电尖端放电主要集中在 100°～180°、220°～300°，且在 90°和 250°附近放电强度最大，正半周放电密度明显大于负半周，最大放电强度也大于负半周。试验中随着电压升高，正半周的放电次数和幅值也随之增大，而负半周变化不明显。放电时域波形上升沿时间为 143ns，下降沿时间为 189ns，上升沿时间小于下降沿时间，可判断为特征明显的局部放电信号。

外半导电层断口处半导电尖端缺陷模型产生附件内部从主绝缘表面向导体压接管方向的沿面放电。在电缆接头施工过程中若外半导电层断口处处理不当，可能会有半导电突起产生局部电场集中而引发放电，或者沿主电缆绝缘表面向导体压接管方向爬电。本缺陷模型用于模拟电缆接头内部复合绝缘界面间由于电场力集中而产生放电，即由于尖端的存在，使应力锥在半导电尖端附近失去均衡电场分布的作用。

6. 外屏蔽层断口气隙缺陷放电信号分析

外屏蔽断口气隙引发的放电主要位于 $10°\sim100°$、$190°\sim280°$，且在 $80°$ 和 $240°$ 附近放电强度最大。正半周放电密度、最大放电强度略大于负半周。放电时域波形上升沿时间为 38ns，下降沿时间为 86ns，可判断为特征明显的局部放电信号。

7. 本体主绝缘切伤缺陷放电信号分析

主绝缘划痕缺陷模型用于产生接头内部电缆本体主绝缘存在划痕所引发的放电。该缺陷电缆接头施工时，在剥削电缆的外半导电层时若力度掌握不好，会伤及电缆主绝缘，可能产生局部放电。放电时域波形上升沿时间为 58ns，下降沿时间为 87ns，上升沿时间小于下降沿时间，可判断为特征明显的局部放电信号。

8. 主绝缘表面导电颗粒悬浮缺陷放电信号分析

导电颗粒缺陷引发的放电在正负半周密度较为接近，主要集中在 $50°\sim150°$、$220°\sim270°$，且在 $100°$ 和 $270°$ 附近放电强度最大，正、负半周放电强度和密度都较为接近。电压升高导致放电脉冲幅值增大，放电重复率增加，而谱图形态基本无变化。放电时域波形上升沿时间为 279ns，下降沿时间为 364ns，可判断为特征明显的局部放电信号。

主绝缘表面金属颗粒悬浮放电的局部放电波形具有明显的不对称性，局部放电脉冲主要集中在外加电压的负半周，这是因为铜粉等金属材料在电场作用下发射自由电子主要集中在负极性。电缆和接头界面的铜粉可以视为是两层复合介质之间的一个悬浮电位电极，在较低的电压下由于自由电子的发射会出现明显的局部放电。该类缺陷的影响主要为局部放电引起的场强集中和局部发热对绝缘材料的劣化作用，也将大大降低电缆线路的安全运行时间。

9. 本体主绝缘切向气隙缺陷放电信号分析

主绝缘切向气隙放电主要集中在 $40°\sim100°$、$200°\sim280°$，且在 $60°$ 和 $240°$ 附近放电强度最大，正负半周不对称，正半周较负半周放电稀疏一些，但正半周最大放电强度大于负半周。放电时域波形上升沿时间为 34ns，下降沿时间为 66ns，上升沿时间小于下降沿时间，可判断为特征明显的局部放电信号。

当电缆本体中存在绝缘切向气隙缺陷时，一方面由于原有绝缘结构局部发生改变，导致该部位的电场强度发生畸变；另一方面由于缺陷处存留的空气相对介电常数小，承受的交流电场强度高，再加上空气自身击穿强度低，所以在较低的试验电压下，该类缺陷处的气隙将会发生明显的局部放电现象。

主绝缘切向气隙缺陷模型用于产生附件内部电缆本体主绝缘存在气隙所引发的放电。该缺陷是在外半导电层断口与金属压接管之间的电缆主绝缘表面上沿着切向划出长条形气隙。

10. 预制式附件安装错位缺陷放电信号分析

预制件安装错位引起的放电在 5 类缺陷中放电密度最大，正负半周相位分布最广，主要集中在 20°～120°、190°～300°，且在 60°和 230°附近放电强度最大。试验中随着电压升高，正、负半周的放电强度和次数剧烈增大。放电时域波形上升沿时间为 18ns，下降沿时间为 35ns，上升沿时间小于下降沿时间，可判断为特征明显的局部放电信号。

超高压电缆接头应力锥的作用是均匀电缆绝缘屏蔽断口处的电场强度，使该部位不发生沿面闪络放电。预制件安装错位缺陷的放电比较稀疏，主要集中在 15°～120°和190°～270°两个相位区间段内，220°附近分布最为密集，负半周放电密度略大于正半周。正半周相比负半周分布更广，正半周大于 400pC 的放电量更多，尤其是 600pC 放电量正半周很多。

5.4 现场电缆线路典型干扰检测试验

高压电缆线路的现场干扰因素很多，为了便于区别典型干扰，对现场具备典型干扰源的位置进行了干扰检测试验，并通过分析，确定其特征，便于进行局部放电抗干扰诊断。

1. 变电站内高压钠灯

变电站电缆线路名称为 220kV ××线，线路长度为 574m，截面积为 $1 \times 2500 mm^2$，共有 1 个中间接头。现场测试频率为 14MHz，中心频率为 14MHz，带宽为 300kHz。

其放电图谱见图 5-27、时域波形及频域波形见图 5-28、三维局部放电谱图见图5-29。

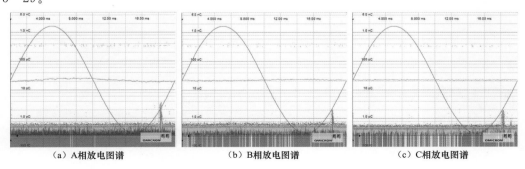

(a) A相放电图谱　　　　　(b) B相放电图谱　　　　　(c) C相放电图谱

图 5-27　放电图谱

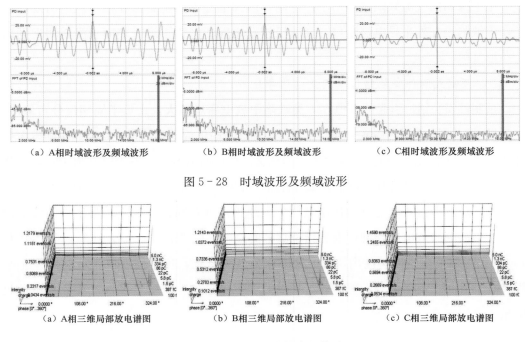

（a）A相时域波形及频域波形　　（b）B相时域波形及频域波形　　（c）C相时域波形及频域波形

图 5-28　时域波形及频域波形

（a）A相三维局部放电谱图　　（b）B相三维局部放电谱图　　（c）C相三维局部放电谱图

图 5-29　三维局部放电谱图

线路诊断结论：于××变电站终端采集到变电站内高压钠灯对局部放电测试产生的典型干扰，放电信号为 20～30pC，放电信号相位集中于 330°，时域波形无明显单脉冲。

2. 噪声干扰

线路名称为 110kV ××线，线路长度为 2024m，截面积为 1×400mm²，由××1变电站至××2变电站。××1变电站内 GIS 终端现场检测频率为 1MHz，其放电图谱见图 5-30、时域波形及频域波形见图 5-31、三维局部放电谱图见图 5-32。3PARP/3FARD 图谱见图 5-33。

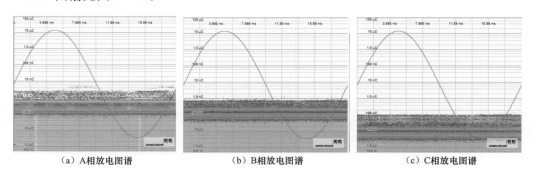

（a）A相放电图谱　　　　（b）B相放电图谱　　　　（c）C相放电图谱

图 5-30　放电图谱

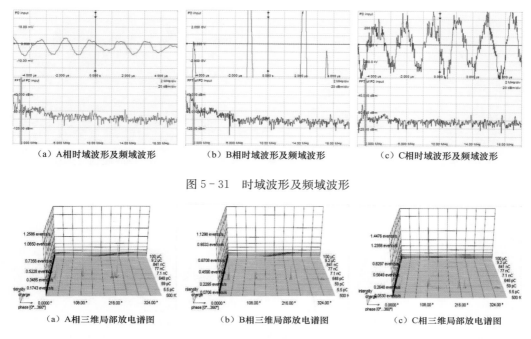

（a）A相时域波形及频域波形　　（b）B相时域波形及频域波形　　（c）C相时域波形及频域波形

图 5-31　时域波形及频域波形

（a）A相三维局部放电谱图　　（b）B相三维局部放电谱图　　（c）C相三维局部放电谱图

图 5-32　三维局部放电谱图

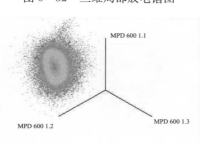

图 5-33　3PARD/3FARD 图谱

××1 变电站内 GIS 终端现场检测频率为 4MHz，其放电图谱见图 5-34、时域波形及频域波形见图 5-35、三维局部放电谱图见图 5-36。3PARD/3FARD 图谱见图 5-37。

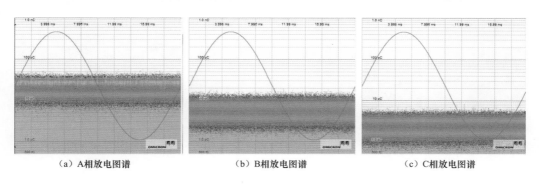

（a）A相放电图谱　　　　　（b）B相放电图谱　　　　　（c）C相放电图谱

图 5-34　放电图谱

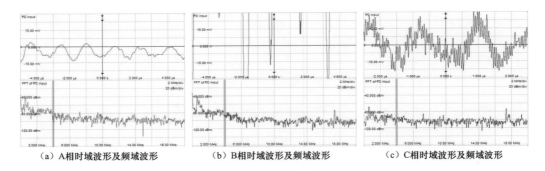

（a）A相时域波形及频域波形　　　（b）B相时域波形及频域波形　　　（c）C相时域波形及频域波形

图 5-35　时域波形及频域波形

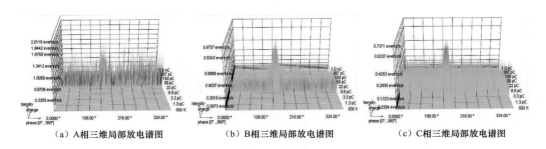

（a）A相三维局部放电谱图　　　（b）B相三维局部放电谱图　　　（c）C相三维局部放电谱图

图 5-36　三维局部放电谱图

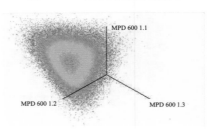

图 5-37　3PARD/3FARD 图谱

当现场测量频率为 8MH 时，其放电图谱见图 5-38、时域波形及频域波形见图 5-39、三维局部放电谱图见图 5-40。3PARD/3FARD 图谱见图 5-41。

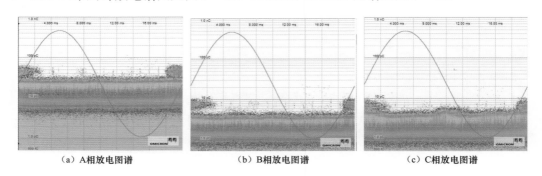

（a）A相放电图谱　　　　　　（b）B相放电图谱　　　　　　（c）C相放电图谱

图 5-38　放电图谱

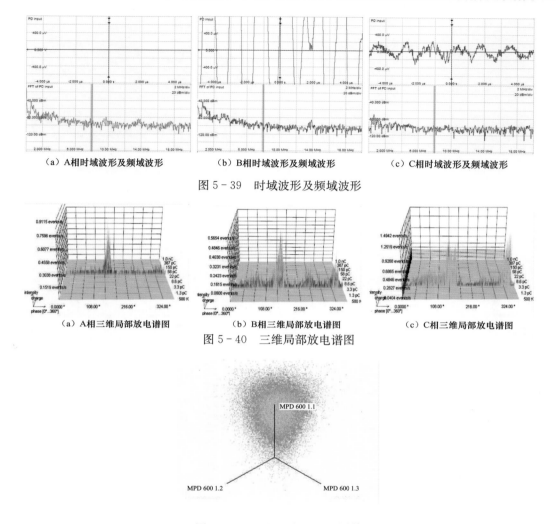

（a）A相时域波形及频域波形　　（b）B相时域波形及频域波形　　（c）C相时域波形及频域波形

图 5-39　时域波形及频域波形

（a）A相三维局部放电谱图　　（b）B相三维局部放电谱图　　（c）C相三维局部放电谱图

图 5-40　三维局部放电谱图

图 5-41　3PARD/3FARD 图谱

××1 变电站内 GIS 终端现场检测频率为 12MHz，其放电图谱见图 5-42、时域波形及频域波形见图 5-43、三维局部放电谱图见图 5-44。3PARD/3FARD 图谱见图 5-45。

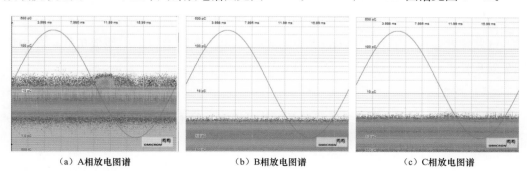

（a）A相放电图谱　　　　（b）B相放电图谱　　　　（c）C相放电图谱

图 5-42　放电图谱

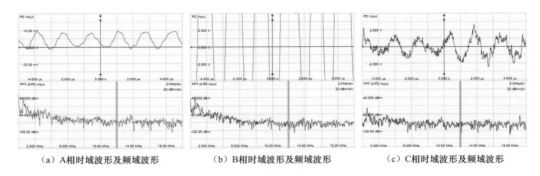

（a）A相时域波形及频域波形　　　（b）B相时域波形及频域波形　　　（c）C相时域波形及频域波形

图 5-43　时域波形及频域波形

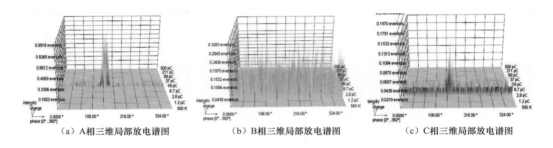

（a）A相三维局部放电谱图　　　（b）B相三维局部放电谱图　　　（c）C相三维局部放电谱图

图 5-44　三维局部放电谱图

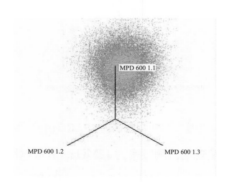

图 5-45　3PARD/3FARD 图谱

线路诊断结论：8MHz 下采集到 0°～30°、330°～360°两组集中地放电簇，相位无明显对称性。且时域信号无明显单脉冲，可判断为噪声干扰。

3.电晕干扰

线路名称 110kV ××Ⅱ线，线路长度为 2024m，面积为 1×400mm²，由××1 变电站至××2 变电站。

现场××1 变内 GIS 终端测量频率 1MHz 时，其放电图谱见图 5-46、时域波形及频域波形见图 5-47、三维局部放电谱图见图 5-48。3PARD/3FARD 图谱见图 5-49。

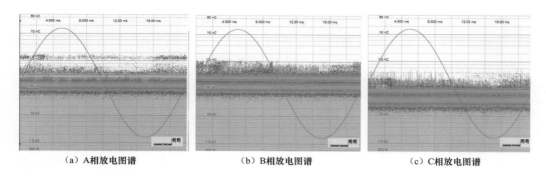

（a）A相放电图谱　　　　　　（b）B相放电图谱　　　　　　（c）C相放电图谱

图 5-46　放电图谱

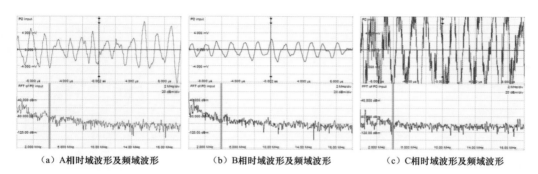

（a）A相时域波形及频域波形　（b）B相时域波形及频域波形　（c）C相时域波形及频域波形

图 5-47　时域波形及频域波形

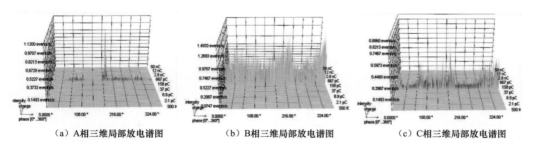

（a）A相三维局部放电谱图　　（b）B相三维局部放电谱图　　（c）C相三维局部放电谱图

图 5-48　三维局部放电谱图形

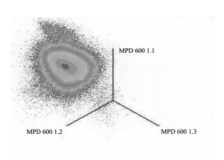

图 5-49　3PARD/3FARD 图谱

现场××1变内 GIS 终端测量频率 4MHz 时，其放电图谱见图 5-50、时域波形及频域波形见图 5-51、三维局部放电谱图见图 5-52。3PARD/3FARD 图谱见图 5-53。

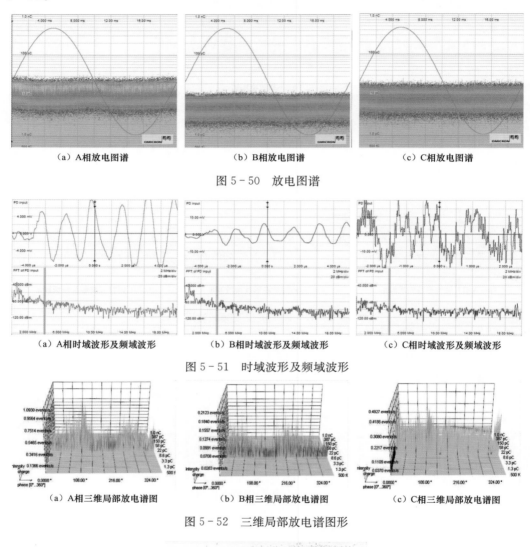

（a）A相放电图谱　　　　（b）B相放电图谱　　　　（c）C相放电图谱

图 5-50　放电图谱

（a）A相时域波形及频域波形　　（b）B相时域波形及频域波形　　（c）C相时域波形及频域波形

图 5-51　时域波形及频域波形

（a）A相三维局部放电谱图　　（b）B相三维局部放电谱图　　（c）C相三维局部放电谱图

图 5-52　三维局部放电谱图形

图 5-53　3PARD/3FARD 图谱

现场××1变内 GIS 终端测量频率 12MHz 时，其放电图谱见图 5-54、时域波形及频域波形见图 5-55、三维局部放电谱图见图 5-56。3PARD/3FARD 图谱见图 5-57。

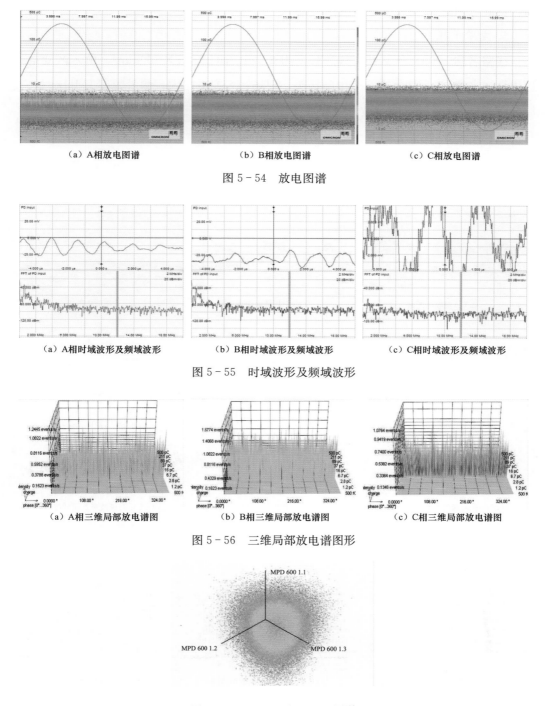

（a）A相放电图谱　　　　　（b）B相放电图谱　　　　　（c）C相放电图谱

图 5-54　放电图谱

（a）A相时域波形及频域波形　（b）B相时域波形及频域波形　（c）C相时域波形及频域波形

图 5-55　时域波形及频域波形

（a）A相三维局部放电谱图　（b）B相三维局部放电谱图　（c）C相三维局部放电谱图

图 5-56　三维局部放电谱图形

图 5-57　3PARD/3FARD 图谱

线路诊断结论：GIS 终端在 1MHz 下检测到疑似干扰信号，放电无明显相位特性和频域特征峰值存在，时域放电波形无单脉冲性。且仅 A 相的疑似干扰信号信噪比较高，据此可判断 A 相终端存在电晕干扰。

4. 电晕干扰

线路名称 220kV ××线，线路长度为 887m，面积为 $1×800mm^2$，由××变电站送出至××线 01 号杆，有 2 个中间接头，现场××变电站内，测量频率 1MHz 时，其放电图谱见图 5-58、时域波形及频域波形见图 5-59、三维局部放电谱图见图 5-60。3PARD/3FARD 图谱见图 5-61。

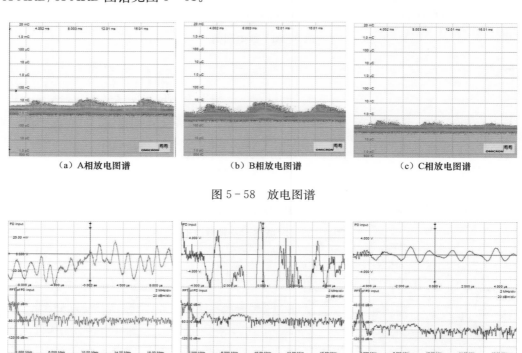

（a）A相放电图谱 　　　（b）B相放电图谱 　　　（c）C相放电图谱

图 5-58　放电图谱

（a）A相时域波形及频域波形 　（b）B相时域波形及频域波形 　（c）C相时域波形及频域波形

图 5-59　时域波形及频域波形

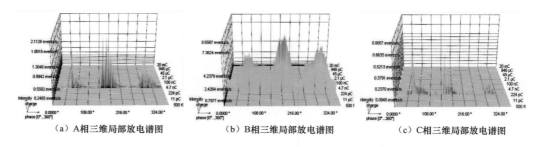

（a）A相三维局部放电谱图 　（b）B相三维局部放电谱图 　（c）C相三维局部放电谱图

图 5-60　三维局部放电谱图形

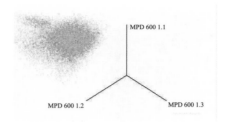

图 5-61　3PARD/3FARD 图谱

测量频率 4MHz 时，其放电图谱见图 5-62、时域波形及频域波形见图 5-63、三维局部放电谱图见图 5-64。3PARD/3FARD 图谱见图 5-65。

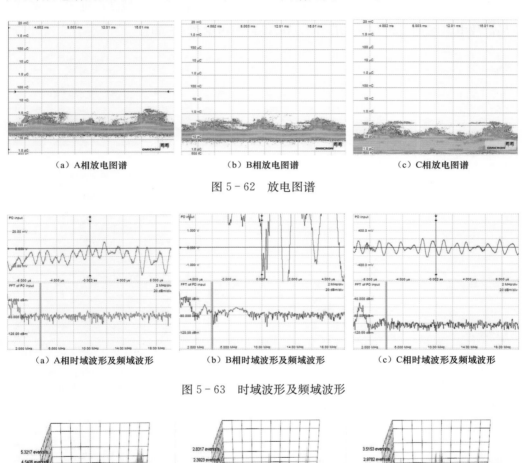

（a）A相放电图谱　　　　　（b）B相放电图谱　　　　　（c）C相放电图谱

图 5-62　放电图谱

（a）A相时域波形及频域波形　　（b）B相时域波形及频域波形　　（c）C相时域波形及频域波形

图 5-63　时域波形及频域波形

（a）A相三维局部放电谱图　　（b）B相三维局部放电谱图　　（c）C相三维局部放电谱图

图 5-64　三维局部放电谱图形

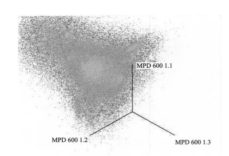

图 5 - 65　3PARD/3FARD 图谱

测量频率 8MHz 时，其放电图谱见图 5 - 66、时域波形及频域波形见图 5 - 67、三维局部放电谱图见图 5 - 68。3PARD/3FARD 图谱见图 5 - 69。

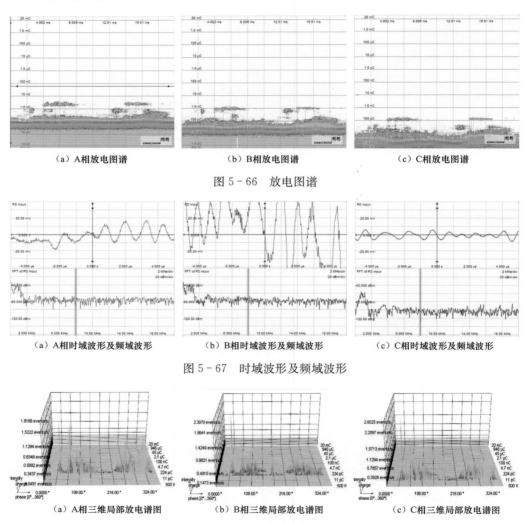

（a）A相放电图谱　　　　　（b）B相放电图谱　　　　　（c）C相放电图谱

图 5 - 66　放电图谱

（a）A相时域波形及频域波形　　（b）B相时域波形及频域波形　　（c）C相时域波形及频域波形

图 5 - 67　时域波形及频域波形

（a）A相三维局部放电图　　（b）B相三维局部放电谱图　　（c）C相三维局部放电谱图

图 5 - 68　三维局部放电谱图形

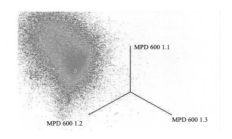

图 5-69 3PARD/3FARD 图谱

测量频率 12MHz 时,其放电图谱见图 5-70、时域波形及频域波形见图 5-71、三维局部放电谱图见图 5-72。3PARD/3FARD 图谱见图 5-73。

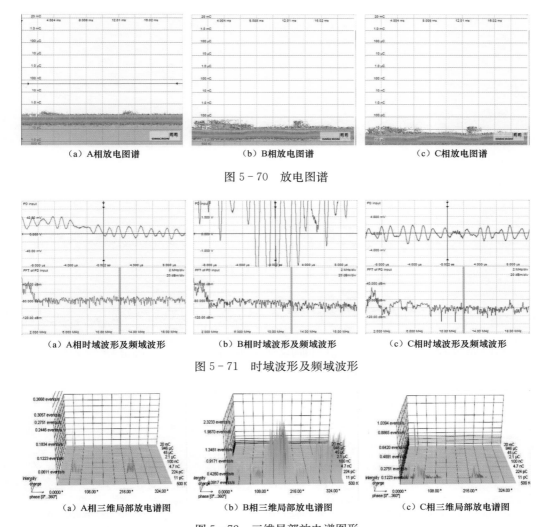

（a）A相放电图谱　　　　　　（b）B相放电图谱　　　　　　（c）C相放电图谱

图 5-70 放电图谱

（a）A相时域波形及频域波形　　（b）B相时域波形及频域波形　　（c）C相时域波形及频域波形

图 5-71 时域波形及频域波形

（a）A相三维局部放电谱图　　（b）B相三维局部放电谱图　　（c）C相三维局部放电谱图

图 5-72 三维局部放电谱图形

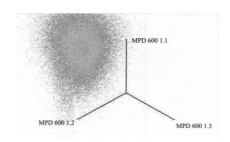

图 5-73　3PARD/3FARD 图谱

测量频率 14MHz 时，其放电图谱见图 5-74、时域波形及频域波形见图 5-75、三维局部放电谱图见图 5-76。3PARD/3FARD 图谱见图 5-77。

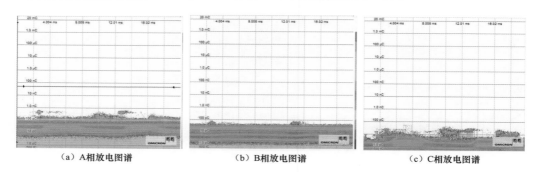

（a）A相放电图谱　　　　（b）B相放电图谱　　　　（c）C相放电图谱

图 5-74　放电图谱

（a）A相时域波形及频域波形　　（b）B相时域波形及频域波形　　（c）C相时域波形及频域波形

图 5-75　时域波形及频域波形

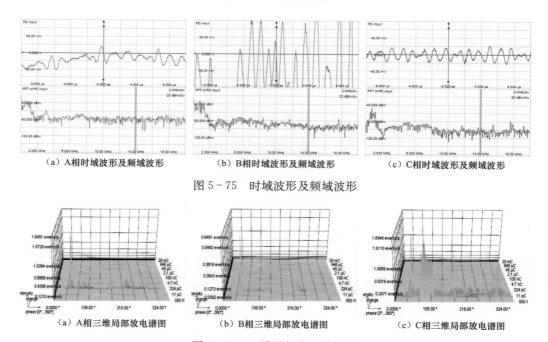

（a）A相三维局部放电图　　（b）B相三维局部放电谱图　　（c）C相三维局部放电谱图

图 5-76　三维局部放电谱图形

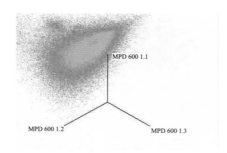

图 5-77 3PARD/3FARD 图谱

测量频率 18MHz 时，其放电图谱见图 5-78、时域波形及频域波形见图 5-79、三维局部放电谱图见图 5-80。3PARD/3FARD 图谱见图 5-81。

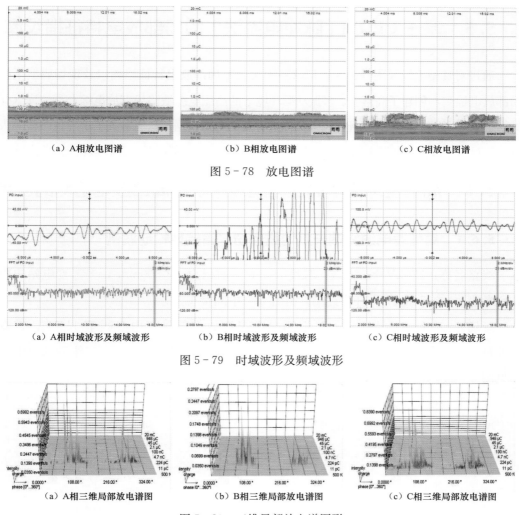

（a）A相放电图谱   （b）B相放电图谱   （c）C相放电图谱

图 5-78 放电图谱

（a）A相时域波形及频域波形   （b）B相时域波形及频域波形   （c）C相时域波形及频域波形

图 5-79 时域波形及频域波形

（a）A相三维局部放电谱图   （b）B相三维局部放电谱图   （c）C相三维局部放电谱图

图 5-80 三维局部放电谱图形

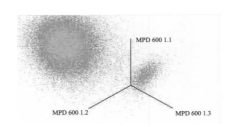

图 5 - 81　3PARD/3FARD 图谱

线路诊断结论：各频段下均检测到疑似干扰信号，其中 14MHz 下放电集中于 30°～150°、210°～330°两组，相位有明显对称性，且放电密度较大。时域信号无明显单脉冲，依据二维谱图可判断为电晕干扰。

5.5　基于 CPDM（脉冲电流法）的局部放电特征指纹库

通过对真型电缆及附件标本模拟缺陷的实验室局部放电特征检测以及现场典型干扰局部放电检测，创建了高落差、多振动源环境下的高压电缆缺陷局部放电综合指纹库（详见附录 C）。该指纹库可为现场检测人员提供有效的对比依据，从而解决了单纯依赖检测人员经验对信号进行识别带来的对检测人员经验要求高、分析耗时长、工作效率低的问题。

5.6　高落差环境下高压电缆线路缺陷局部放电检测的应用

5.6.1　高落差电缆终端长接地线盗窃尾管接地松动案例

线路名称：220kV ××5 线，长度 2986m，面积为 $1×800mm^2$，××变电站户内 GIS 终端，××5 线 41 号杆户终端，另有 5 个中间接头。

现场××5 线 41 号杆户外终端测量 1MHz 放电信号（中心频率 1MHz，带宽 300kHz），其放电图谱见图 5 - 82、时域波形及频域波形见图 5 - 83、三维局部放电谱图见图 5 - 84。3PARD/3FARD 图谱见图 5 - 85。

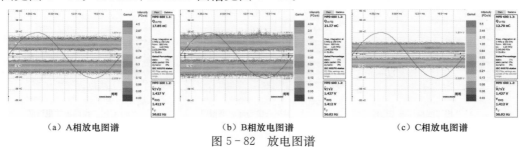

（a）A 相放电图谱　　　　　　（b）B 相放电图谱　　　　　　（c）C 相放电图谱

图 5 - 82　放电图谱

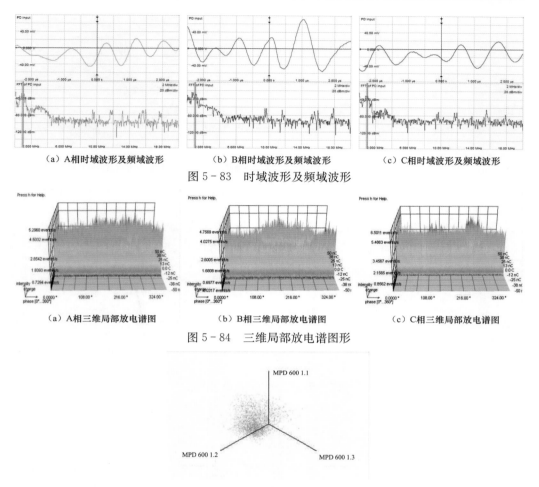

（a）A相时域波形及频域波形　　（b）B相时域波形及频域波形　　（c）C相时域波形及频域波形

图 5-83　时域波形及频域波形

（a）A相三维局部放电谱图　　（b）B相三维局部放电谱图　　（c）C相三维局部放电谱图

图 5-84　三维局部放电谱图形

图 5-85　3PARD/3FARD 图谱

数据分析：A、B、C 相出现的放电信号与电压相位角无相关性，三维局放谱图不符合局部放电相位特性，可以判断 A、B、C 相无局部放电活动情况。

现场××5 线 41 号杆户外终端 4MHz 放电信号（中心频率 4MHz，带宽 300kHz）时，其放电图谱见图 5-86、时域波形及频域波形见图 5-87、三维局部放电放电谱图见图 5-88。3PARD/3FARD 图谱见图 5-89。

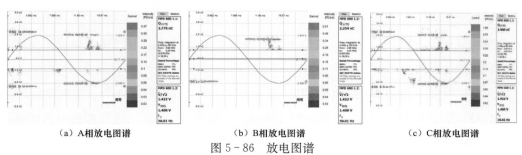

（a）A相放电图谱　　　　　　（b）B相放电图谱　　　　　　（c）C相放电图谱

图 5-86　放电图谱

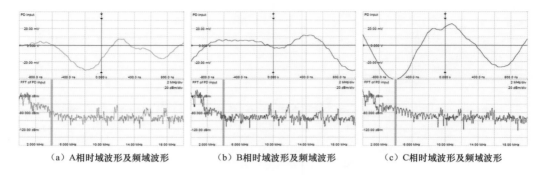

（a）A相时域波形及频域波形　　（b）B相时域波形及频域波形　　（c）C相时域波形及频域波形

图 5-87　时域波形及频域波形

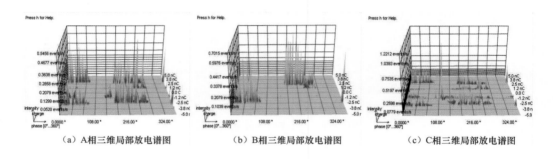

（a）A相三维局部放电谱图　　（b）B相三维局部放电谱图　　（c）C相三维局部放电谱图

图 5-88　三维局部放电谱图形

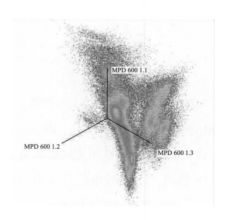

图 5-89　3PARD/3FARD 图谱

数据分析：局部放电谱图具有局部放电相位特性，且 $q-\varPhi$ 模式谱图呈现出明显的外部感应悬浮放电特征，而时域波形不具备内部放电信号的波形特征，频域未发现显著的特征峰。

××5 线 41 号杆户外终端 12MHz 放电信号（中心频率 12MHz，带宽 300kHz）时，其放电图谱见图 5-90、时域波形及频域波形见图 5-91、三维局部放电谱图见图 5-92。3PARD/3FARD 图谱见图 5-93。

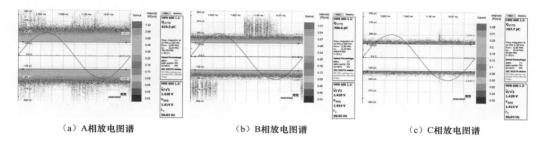

（a）A相放电图谱　　　　（b）B相放电图谱　　　　（c）C相放电图谱

图 5-90　放电图谱

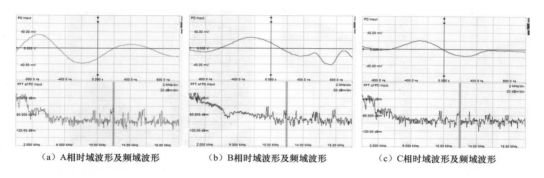

（a）A相时域波形及频域波形　（b）B相时域波形及频域波形　（c）C相时域波形及频域波形

图 5-91　时域波形及频域波形

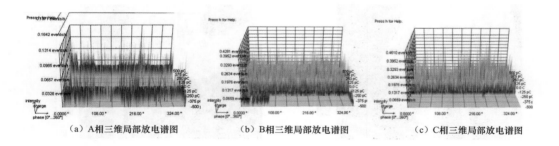

（a）A相三维局部放电谱图　　（b）B相三维局部放电谱图　　（c）C相三维局部放电谱图

图 5-92　三维局部放电谱图形

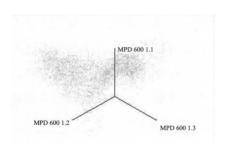

图 5-93　3PARD/3FARD 图谱

线路诊断分析：终端侧 A、B、C 相的检测信号与电压相位角存在相关性，三维局放谱图符合局部放电相位特性，且 q-Φ 模式谱图呈现出明显的外部感应悬浮放电特征，而时域波形不具备内部放电信号的波形特征，频域未发现显著的特征峰，可以判断户外终端 A、B、C 相不存在内部放电，但存在外部悬浮放电。

随即安排对××线 41 号杆户外终端进行红外热成像联合检测，图 5-94～图 5-97 为 220kV ××5 线户外终端拍摄位置及 A、B、C 相的红外图谱，测试中发现：220kV ××5 线 A 相户外终端尾管处温度偏高，与带电检测结果存在一定的关联性（A 相电缆终端放电强度、放电密度较 B、C 相都偏高）。

图 5-94　现场红外测试照片

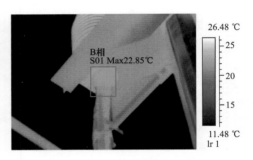

图 5-95　现场 A 相红外测试照片

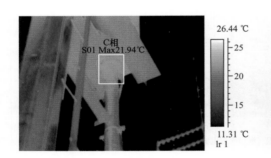

图 5-96　现场 B 相红外测试照片

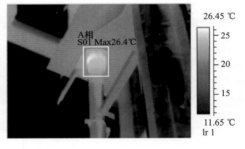

图 5-97　现场 C 相红外测试照片

经现场仔细查看发现该电缆 A 相终端尾管与电缆金属套结合部位松动，原有焊接面出现裂痕，电气连接下降，局部出现电位悬浮产生感应放电，在加上终端侧接地电流入地回路的接触电阻变大，直接导致电缆终端尾管发热，温度偏高。运行单位在缺陷明确后立即开展了消缺工作，并缩短该终端的状态检测周期（局部放电与红外热成像检测），确保该线路的安全、稳定运行。

通过局部放电检测应用，针对被测线路具体情况，选取包括低频、中频、高频在内的多个检测频带采集现场信号，分别运用时域原始波形、频域特性波形、Q—Φ 二维图谱、Q—Φ—N 三维图谱以及 3PRAD 分类图描述信号状态，分析信号特征，与综合局部放电指纹库相比，符合外部悬浮放电典型指纹库特征，因此，给出缺陷诊断与绝缘状态评估结果，通过红外测温验证，结论正确。

5.6.2　高落差环境下电缆终端固定不当尾管封铅开裂案例

线路名称 220kV××线，线路长度为 3255m，面积为 $1×1600mm^2$，变电站户外终端，××线 19 号户外终端，另有 6 个接头。现场××线 19 号户外终端 2MHz 放电信号（中线频率 2MHz，带宽 300kHz）时，其放电图谱见图 5-98、时域波形及频域波形见图 5-99。

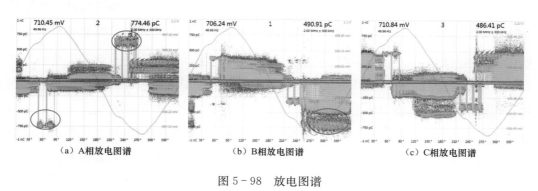

（a）A相放电图谱　　　（b）B相放电图谱　　　（c）C相放电图谱

图 5-98　放电图谱

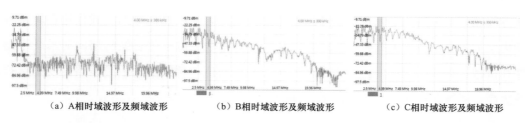

（a）A相时域波形及频域波形　（b）B相时域波形及频域波形　（c）C相时域波形及频域波形

图 5-99　时域波形及频域波形

从图 5-98 上可看出，信号与电压相位具有明显的相关性，且其谱图呈现明显的悬浮放电特征。

经停电登塔检查，发现电缆终端固定不当尾管存在封铅开裂脱落现象。分析信号特征，与综合局部放电指纹库相比，符合悬浮放电典型指纹库特征，因此给出缺陷诊断与绝缘状态评估结果，结论正确。

6 | 多振动源检测方法及振动应力检测设备研究

分析发现当电力电缆线路敷设和运行在桥梁上时，影响电缆线路结构材料性能的主要因素包括振动、温度和紫外线辐射。由于桥梁自身的振动、汽车等交通工具通过时产生的低频振动等，使得固定在桥梁结构上的电缆线路会承受来自桥梁传递的机械振动，这些振动会直接传递到电缆上，在电缆的结构层中产生额外机械振动和应力作用。在负荷电流的电磁力作用下，电缆导体上产生的工频及其倍频的振动也直接作用在 XLPE 电缆的绝缘层上，且随着负荷电流的增加，振动的幅值也增大。外界环境的振动和负荷电流的电磁振动长期且连续地作用在电缆结构层上，势必对电缆各结构层（含绝缘层）的性能产生一定影响，出现外护套开裂、金属套开裂变形、绝缘层性能变化等问题。由于负荷电流在电缆导体上产生的运行温度以热传导的方式作用在电缆各结构层上，对于桥梁上的电缆线路来说，在运行过程中电缆的各结构层同时承受了温度和机械振动的联合作用。作为重要的电力输送通道，桥梁上的电缆线路的安全运行等级高，运行条件恶劣，线路的运行维护工作难度大。

对于运行在桥梁等具有振动载荷作用的环境条件下的电缆线路，应评估和分析振动载荷对电缆各结构层，特别是 XLPE 绝缘层、金属套层的老化和疲劳的加速特性。依托创新工作室，通过调研发现，针对 XLPE 绝缘材料在温度和机械振动联合作用下的老化特性规律进行分析，通过在相同老化温度和老化时间条件下，开展施加振动载荷的 XLPE 样片与未施加振动载荷样片的老化差异性试验研究，得出结论：

（1）介电谱较低频段（0.01～10）可以看出，老化时间超过 1800h 后，介电损耗增大，且施加机械振动的 XLPE 样片的介电损耗明显大于未施加振动载荷的样片。

（2）随着老化时间的增加，XLPE 材料的断裂伸长率与拉伸强度出现先增大后减小的趋势，且在超过 900h 的机械振动条件老化试验下，其各值下降幅值更大，在 1800h 时，其断裂伸长率已经下降 50%，接近材料老化失效极限。

（3）相同老化时间下，施加振动载荷老化的样片的甲基、亚甲基、羰基吸收峰幅值较未施加振动载荷的样片均增大。

（4）振动载荷对 XLPE 材料的结晶度影响不明显，但有减小趋势，熔融温度和结晶厚度为先增大后减小，900h 后施加振动载荷的样片的各值下降幅值更大。

由此可见，对于交联聚乙烯电缆材料，长期频繁振动将促进其老化，且高压电缆长期运行老化后所引起的影响将增大。

可见，从建设源头采取防振措施对其运行可靠性具有显著意义。

6.1　电缆不同高落差运行环境下的振动等因素对电缆长期稳定运行的研究

高落差连续敷设模型所依托的电缆运行线路中有多处跨越道路的桥架部分，同时电缆线路中又有连续长距离的电缆平行敷设于高速铁路旁，最近距离约为 50m，当电缆在这种复杂振动条件下运行中，由外界环境传递到电缆上的振动对于电缆（特别是质量较轻的 XLPE 电缆）的金属套等结构层的影响大，强烈的振动将降低电缆线路的运行寿命，增加运行故障风险，加上电缆自身运行负荷电流所引起的振动，对于这种复杂条件下的电缆线路的路径所承受的振动特征、外界环境的振动特征及传导到电缆线路上特征等都需要进行测量研究分析，有必要对高落差连续敷设模型及电缆线路开展振动检测分析。本研究在国内外首次构建电缆振动应力监测系统，并利用监测系统分别对依托的电缆线路工程所在的桥架段及与高铁平行段进行了实测，对振动数据进行了分析，重点提取了跨越公路桥架的振动特征值、高速铁路旁的振动特征值等，提出了电缆线路的运维建议及防振措施等，为电缆线路的运行提供了技术支持，也为今后相似环境条件的电缆线路设计运行提供技术参考。

高压电缆线路运行振动特点在于电缆本体可能在机械振动的作用下损坏，这种振动是在交变力的作用下造成的，根据不同的情况，振动有着不同的频率和幅值。振动导致电缆金属套损坏的情况随温度、振幅、振动频率的不同而有所差异。电缆路径分布较长，路径沿线的各种环境条件不同，当电缆线路临近铁路或公路时、电缆敷设在桥梁或临近的桥墩时、电缆附近有重型振动机械时等都会造成外界环境的振动施加到电缆本体。同时工频电流产生的电磁作用导致的电缆自身振动，如果外界环境的振动与电缆自身振动的形成谐振时将大幅导致电缆线路的安全隐患，降低金属套的寿命甚至导致其损坏，而对于电缆线路沿线各点所受的振动的差别，将导致局部形变，金属套所受的应变可能叠加合成。

在高架桥上发生的振动大小和频率因桥梁的构造、形状、荷载的种类等而有所不同。虽然预测这些很困难，但是大致上可分为两种。一种是桥梁整体慢慢地振动，根据桥梁的刚性和长度决定的固有振动；另一种是根据活动荷载，桥梁的各个构件间的振动。受汽车在行驶时的荷载变动，在高架桥的头部发生伸缩。若只是采取通常的蛇形敷设，将给电缆加载过多的应力，超过允许范围。

高压电缆线路在桥梁上的敷设如图 6-1 所示。

图 6-1　高压电缆线路在桥梁上的敷设

在桥梁上敷设的高压电缆线路随着负荷电流变化及环境温度变化，电力电缆会发生热胀冷缩，一般称为热伸缩，其中因电缆线芯的热胀冷缩而产生的热应力非常大。电缆线芯截面越大，所产生的热应力就越大。电缆在热应力的作用下将反复出现弯曲变形，使电缆金属护套产生疲劳应变，从而缩短电缆的使用寿命。热伸缩对电力电缆运行构成很大的威胁，会造成运行电缆移位、滑落，甚至损坏电缆及附件。

电缆线路在复杂运行条件下带强振动长期运行中，特别是临近高速铁路的电缆线路，会受到各种机械力及短时持续强大的冲击力作用，根据电缆各结构层的特点，金属套为承受外界施加在电缆线路上的振动的主要承载体。因此，有必要对电缆结构及电缆金属套的材料的机械特性及机械强度进行分析。

同时还有确保电缆不出现"锤击"现象，即在电缆与夹具之间或电缆与邻近支撑结构之间不紧密的接触会使接触点处的金属套快速损坏。

外界振动主要作用在电缆外护套上，由振动所导致的电缆金属套损坏的情况随温度、振幅、振动频率的不同而有所差异。当温度低、振幅小且不承受拉力时，振动的影响要经过一段时间才表现出来；反之，当条件不利时，电缆金属套可能经过很短的时间就被破坏了。图6-2所示为不同材质电缆金属套的振动疲劳特征。

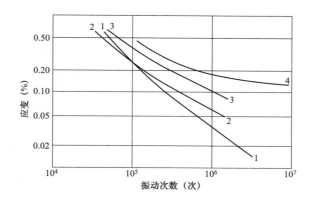

图6-2　不同材质金属套的振动疲劳特征
1—纯铅护套；2—锡铅合金护套；3—碲铅合金护套；4—皱纹铝护套

6.2　基于加速度传感器的电力电缆运行振动检测系统设备的研制

目前，还没有专门针对电力电缆线路的振动量监测分析系统及设备，更没有实现相关的振动监测系统应用到电缆线路的振动监测分析上的应用。对电力电缆线路，尤其是导体截面大的高压电力电缆在运行过程中，除受到电流和电压的作用下产生的振动外，由于立体交通的出现，还会不断受到高铁、高架道路、铁路等振动源的影响。这种长期的振动对电缆金属套和绝缘层的影响有待进一步研究。

依托工人创新工作室，研制一种基于加速度传感器的电力电缆振动监测系统，其结构紧凑，能对电力电缆振动进行监测（检测），监测（检测）精度高，安全可靠。

1. 传感器

（1）加速度振动传感器。采用压电加速度传感器，该传感器为接触式，一般测量频率可达0～50kHz，具有体积小、质量轻、灵敏度高、测量范围大、频响范围宽、线性度好、安装简便等优点。

（2）应变片。由敏感栅等构成用于测量应变的元件，使用时将其牢固地粘贴在构件的测点上，构件受力后由于测点发生应变，敏感栅也随之变形而使其电阻发生变化，再由专用仪器测得其电阻变化大小，并转换为测点的应变值。敏感栅使用的是铜铬合金，其电阻变化率为常数，与应变成正比例关系。

2. 采集单元

系统的组成如图 6-3 所示。

图 6-3　系统的组成

采集单元是系统的核心部件，是整个系统的温度信息存储、显示、报警输出及信息设置、数据共享的平台；提供 8 路同步采样模拟输入、8 路同步应变输入。

采集单元如图 6-4 所示。

图 6-4　采集单元

3. 系统软件

软件包括两部分：一个是上位机测控软件，可完成信号采集的功能，与数据采集设备无缝集成，可采集电压、电流、声音、振动等多种类型的信号。另一个是下位机程序，负责控制 cRIO 采集卡采集数据，并传输到网络硬盘。

4. 加速度传感器在电缆线路上的布置方式

将加速度传感器和应变片布置安装在电缆线路上，实现对振动和应变的测量，对于加速度传感器应在 $X-Y$ 方向分别安装，而应变片应相互垂直安装在测量位置。对于电缆线路的振动测量应选取的位置包括电缆本体、电缆接头、电缆支架等。其中，电缆本体和接头上的振动传感器和应变片的安装应不破坏电缆结构，应轴向互成 $90°$ 的两个方向测量加速度。应变片在电缆本体上安装时也应互成 $90°$ 的两个方向但在同一平面上。

加速度传感器、应变传感器在电缆线路及支架上的布置示意如图 6-5 所示，传感器在电缆线路及支架上的布置示意如图 6-6 所示，应变片在电缆线路上的布置方式示意如图 6-7 所示，振动传感器在电缆上的安装位置如图 6-8 所示。

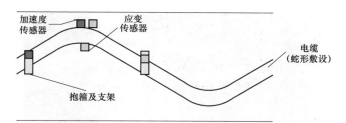

图 6-5　加速度传感器、应变传感器在电缆线路及支架上的布置示意图

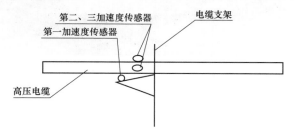

图 6-6　传感器在电缆线路及支架上的布置示意图

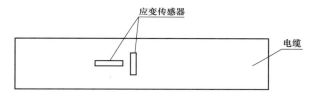

图 6-7　应变片在电缆线路上的布置方式示意图

5. 基于加速度传感器的电缆振动监测系统设备的工作原理

应用检测获取振动量的加速度振动检测传感器，振动检测传感器包括第一、二加速度传感器及第三加速度传感器，第一加速度传感器安装于电力电缆放置的电缆支架上，第二加速度传感器及第三加速度传感器安装于电力电缆的外表面上，且第二加速度传感器与第三加速度传感器见呈 90°安装于电力电缆上。振动检测传感器通过信号线与信号采集电路连接，信号采集电路通过数据通信接口与信号处理电路连接，信号处理电路通过信号采集电路同步并行采集第一加速度传感器、第二加速度传感器及第三加速度传感器的检测输出的加速度信号，获取的振动检测传感器的振动信息，具备同时性，具有可对比性，可对振动信息处理分析后得到外界振动特征量以及电力电缆线路的振动特征量。该系统设备可有效地同步监测外界振动对通道支架、电缆水平、垂直面的振动特征量，建立有效的振动监测手段，通过一定时期的数据积累可分析多振动源的振动对金属套及绝缘层的影响，振动检测传感器采用加速度传感器，易于安装，可实现对重点部位的同步监测，结构紧凑，监测精度高，适用范围广，安全、可靠。

基于加速度传感器的电缆振动监测设备系统的工作原理图如图 6-9 所示。

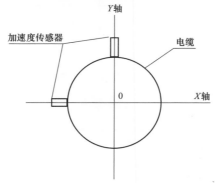

图 6-8　振动传感器在电缆上的安装位置图

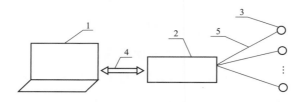

图 6-9　基于加速度传感器的电缆振动监测设备系统的工作原理图

1—信号处理电路；2—信号采集电路；3—振动检测传感器；4—数据通信接口；5—信号线

6.3　设备现场布置与检测（监测）数据分析研究

1. 电缆线路的振动实测与特征值的提取分析

针对长时间处于振动环境下的电缆线路，监测振动量的特征值并加以分析，确定电缆结构稳定状态，避免出现结构层破损导致的故障及潜在危害，确保电缆线路的安全、可靠运行。对于振动对电缆的影响分析，目前无相关指导设计，唯一可利用在运行电缆线路上进行一段时间的测量，获得振动幅值和频率等特征值，在金属套上测量获得电缆线路上的振幅最大点，并测量这些点的金属套的应力变化。

高落差电缆线路有部分线路段敷设在高架桥架上，实现跨越高速公路和高速铁路，导致电缆线路在电缆通道内运行过程中的由外界环境引起的强烈的大幅值低频振动施加到电缆线路上，同时由于电缆线路自身负荷电流所引起的电磁振动等因素都是成为影响电缆线路安全、稳定运行的影响因素。

通过现场统计，220kV 长江变电站-无锡东电缆线路所临近的高铁铁路线路中每小时通过的高铁列车数量约为 10 列，每天以 12h 计算高铁运行时间，则每天通过的高铁列车数量约为 120 列。由此带来的对电缆敷设桥架的影响以每天 100 列计算，每年约为 3.7 万次，以电缆线路运行 30 年寿命计算，电缆线路寿命周期内的所承受的高铁列车运行振动约为 110 万次。当振动次数不断累积时，金属套所能承受的应变量将衰减，经过调研试验研究，当达到 100 万次时，皱纹铝护套所能承受的应变降低为 $\pm 0.1\%$。

2. 振动测量结果分析

通过对高速列车高速通过时、高速列车通过时及普通列车通过时分别在与高铁不同间距的电缆桥架上所产生的振动测量结果分析如下：

（1）桥架与振动源的间距越大，所产生的振动幅值越小。

（2）高速列车的速度越大产生的振动振幅越大。

（3）高速列车所产生的振动频率范围大，主要集中在 0～500Hz 范围内，其中以 50～100Hz 和 200～300Hz 区域振幅较大。

（4）普通列车所产生的振动频率范围较小，主要集中在 0～100Hz 范围内，其中以 30～50Hz 区域振幅较大。

（5）桥架上的振动幅值要小于电缆支撑结构上的振动幅值。

（6）未完全固定的电缆支架上的振动幅值要大于电缆支撑结构上的振动幅值。

经过测量，当电缆线路在相对无振动条件下运行时，主要由负荷电流产生的振动频率为 100Hz、200Hz 和 300Hz 等，其中以 100Hz 时振幅最大。当高铁通过时振动的频率范围较宽，有可能在某些频率上产生振动叠加，引起更大振幅的振动。

6.4 现场振动检测的应用

对于在振动条件下的电缆支架间距设置为 L 时，应根据式（6-1）进行计算，避免发生谐振，即

$$L \leqslant \left[\pi \cdot (E_1 \cdot g/W)^{1/2}/2f\right]^{1/2} \tag{6-1}$$

式中　E_1——抗弯阻力，取 $1.1 \times 10^7 \mathrm{g} \cdot \mathrm{cm}^2$；

　　　g——重力加速度，取 $9.8\mathrm{m/s}^2$；

　　　W——电缆重量，220kV、2500mm² 的电缆重量取 38kg/m；

　　　f——桥的振动频率。

当高铁通过时的振动频率为 5～500Hz 时，分别取 30Hz、50Hz、100Hz 和 200Hz 计算电缆支架间距 L 分别取 9m、7m、5m 和 3.5m。目前桥架上的电缆支架间距为 6m，如考虑振动的影响应尽可能减小电缆支架间距，建议电缆之间间距取 3m 以内，以防止由于桥梁振动引起的电缆和桥梁之间的谐振。

1. 获取电缆自身振动特征图谱

特征确认试验在运 220kV 电缆线路上分别采取长距离连续分布式测量和重点位置点式精确测量相结合的方法确定电缆线路的运行振动情况和外界环境振动情况及其相互影响。试验结果及图片如图 6-10 所示，测试点的现场布置情况如图 6-11 所示。经测量得到当高速列车、汽车等经过电缆通道附近时施加在电缆线路上的短时冲击振动，主要是特征频率为 100Hz 以下的振动。

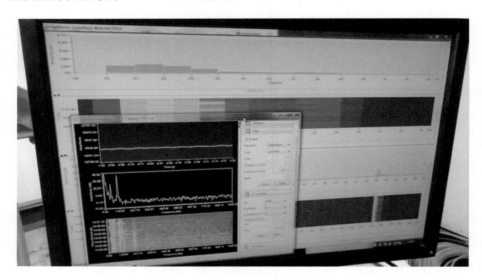

图 6-10　特征图谱

2. 电缆通道的振动测量

220kV 电缆线路中的电缆桥架上进行了电缆线路运行环境振动测试，所测试的两个桥架分别为 A 桥（跨度为 100m，与高铁线路直线距离约为 20m）和 B 桥（跨度为 750m，与高铁线路直线距离约为 40m）。

图 6-11 隧道敷设

两个电缆桥架均沿高速铁路轨道平行布置，在高速铁路另一侧有普通铁路，其上有普通列车通过。高速铁路线路架设在专用的桥墩上，距离地面高度，位置高于电缆桥架；普通铁路布置在地面上，位置低于电缆桥架，相对位置如图 6-12、图 6-13 所示。

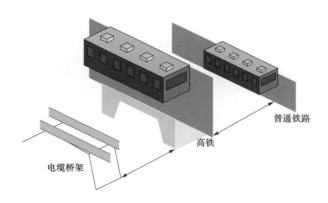

图 6-12 敷设

分别在与高速铁路平行敷设间距约为 30m 和 20m 的桥架上对电缆桥架的振动进行测量，当高速列车经过时带来的冲击振动作用在电缆支撑结构上，经过测量，当高速列车经过时在电缆金属套上产生的振动频率为 10~300Hz 各频率都存在，如图 6-14、图 6-15 所示。振幅受车速、距离、支撑物的结构等因素影响。由此作用在电缆上的振动将为电缆线路的金属套的疲劳特性产生影响，更可能在高速列车经过条件下在金属套上产生某些频率的共振危害。

（a）基础

（b）支架

图 6-13　振动传感器安装位置图

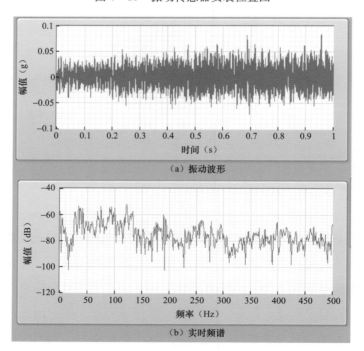

（a）振动波形

（b）实时频谱

图 6-14　振动特征图（一）

20m处的电缆桥架当高铁通过时的振动特征见图6-14，测得的最大振幅为147.86mg。

20m处的电缆支撑结构当高铁通过时的振动特征见图6-15，测得的最大振幅为98.47mg。

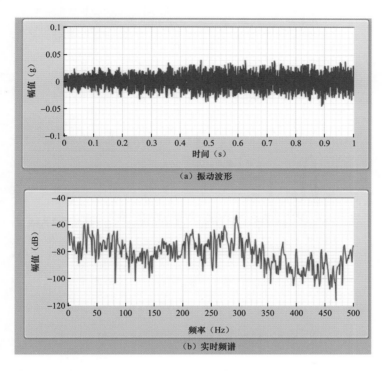

（a）振动波形

（b）实时频谱

图6-15 振动特征图（二）

跨越公路的高架桥，经过测量，如图6-16所示，在高架桥上的电缆金属套上产生的振动频率为10~40Hz，振幅小于高铁段，但同样受车速、距离、支撑物的结构等因素影响，测得的最大振幅为52.15mg。

3. 敷设后的电缆线路上的振动测量

敷设后的电缆线路上的振动测量如图6-17~图6-20所示。

通过对高速列车高速通过时、高速列车通过时及普通列车通过时分别在与高铁不同间距的电缆桥架上所产生的振动测量结果分析如下：

桥架与振动源的间距越大，所产生的振动幅值越小；高速列车的速度越大产生的振动振幅越大；高速列车通过时在电缆上所产生的振动频率范围大，主要集中在0~500Hz范围内，其中以50~100Hz和200~300Hz区域振幅较大；普通列车所产生的振动频率范围较小，主要集中在0~100Hz范围内，其中以30~50Hz区域振幅较大；

桥架上电缆上的振动幅值要小于电缆支撑结构上的振动幅值；未完全固定的电缆支架上的电缆的振动幅值要大于电缆支撑结构上的振动幅值。

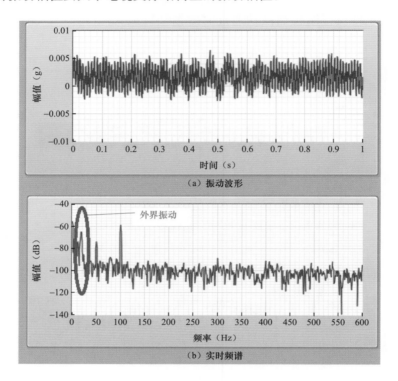

图 6-16　振动特征图（跨越公路时在电缆上的外界环境振动）

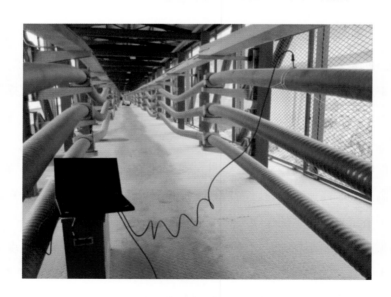

图 6-17　振动测量安装位置全面图

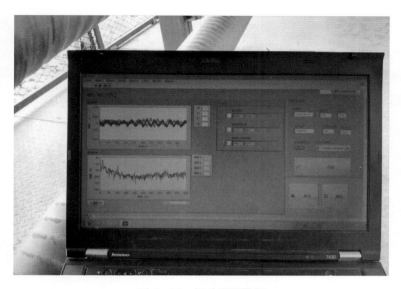

图 6-18 振动测量数据

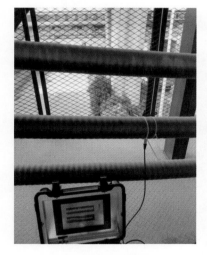

图 6-19 振动测量   图 6-20 振动测量安装位置细节图

经过测量，当电缆线路在相对无振动条件下运行时，主要由负荷电流产生的振动频率为 100Hz、200Hz 和 300Hz 等，其中以 100Hz 时振幅最大。当高铁通过时振动的频率范围较宽，有可能在某些频率上产生振动叠加，引起更大振幅的振动。

4. 电缆线路运行应力测量

当外界环境振动通过电缆支架及其他结构传递到电缆的外护套层时，与接触压力、热应力的联合作用下将对电缆结构层产生力的叠加，从而有可能加速电缆结构的性能变化。对于电缆线路所受的振动频率和幅值通常采取试验测量的方式来确定，外界环境振动通过电缆固定夹具传递到电缆上，因此在相邻夹具之间的电缆段的变形取决于夹具的瞬时位移，通常在金属套上测量振幅，确定各电缆段上的振幅最大点后，再在这些振幅最大点上测量金属套的应力变化。

在高铁路段电缆线路上进行了应变的测量，应分别测量高速列车通过前及通过时的同一位置的应力变化情况。

高速列车经过时的应变测量如图 6-21～图 6-23 所示。

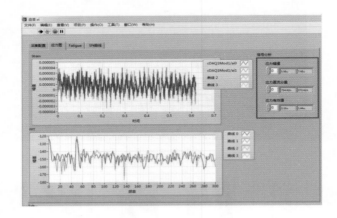

图 6-21　高速列车经过前的应变测量对比图

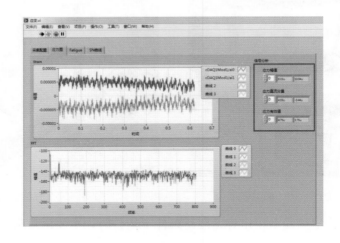

图 6-22　高速列车经过时的应变测量对比图

电缆的两端固定且受重力作用，电缆自身会产生一定的形变，其内部应力分布也因自身重量的原因而不均匀，固定在支架上的电缆，因自身重力而自然下垂，电缆中部位移最大，而在应力分布中电缆所受应力在电缆中部较小，电缆两端固定处出现应力最大值。由相关公式可计算桥梁敷设电缆节距长度，确定敷设电缆节距时，应分析外部耦合频率对电缆内部应力、位移分布的影响，在应力最大处采取相应缓冲措施，减小其绝缘损坏。

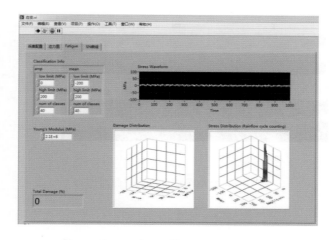

图 6-23　高速列车经过时的应变测量参数图

6.5　多点复杂振动源检测方法及振动应力系统设备的试验验证

1. 220kV ××线振动应力检测

电缆振动应力监测图谱如图 6-24～图 6-27 所示。

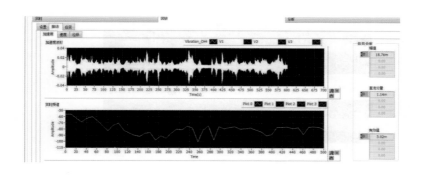

图 6-24　电缆振动应力监测图谱-1

2. 测试数据分析

主要集中在 0～500Hz 范围内，其中以 50～100Hz 和 200～300Hz 区域振幅较大；普通列车所产生的振动频率范围较小，主要集中在 0～100Hz 范围内，其中以 30～50Hz 区域振幅较大；桥架上电缆上的振动幅值要小于电缆支撑结构上的振动幅值；未完全固定的电缆支架上的电缆的振动幅值要大于电缆支撑结构上

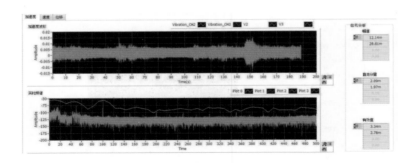

图 6-25　电缆振动应力监测图谱-2

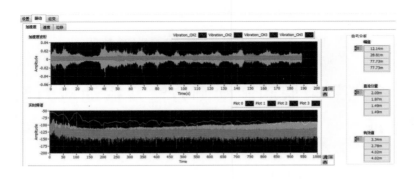

图 6-26　电缆振动应力监测图谱-3

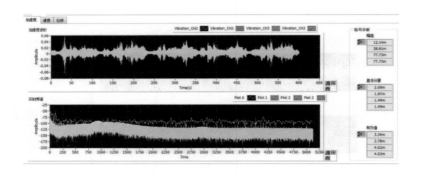

图 6-27　电缆振动应力监测图谱-4

的振动幅值。

　　经过测量，当电缆线路在相对无振动条件下运行时，主要由负荷电流产生的振动频率为 100Hz、200Hz 和 300Hz 等，其中以 100Hz 时振幅最大。当高速列车通过时振动的频率范围较宽，有可能在某些频率上产生振动叠加，引起更大振幅的振动。

6.6 防振措施的研究

6.6.1 高压电缆支架橡胶垫防护措施的对比分析

针对强振动环境条件下运行的电缆线路，应采取必要措施减小外界环境振动传递到电缆线路上。结合电缆在高速列车附近所受到的大强度冲击振动的特点，在桥架上受到持续低频振动的特点分析确定了高速列车附件的电缆线路和在桥架上的电缆线路的防护措施，为电缆运行提供技术参考。

对电缆通道无橡胶垫防护、采用 3mm 厚度橡胶垫防护数据进行比较分析，如图 6-28～图 6-31 所示。

图 6-28 电缆通道支架无防护措施　　图 6-29 3mm 厚度橡胶垫防护措施

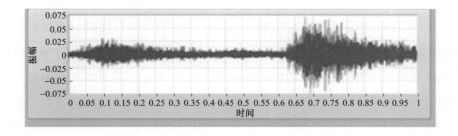

图 6-30 电缆橡胶垫防护措施比例对比图

从测试数据对比，可见振动幅度有较明显的下降，通过上百次的对比归纳，平均可减少 40％振幅，可见，在支架处增加较厚（3mm）的橡胶垫块的措施是有效的。

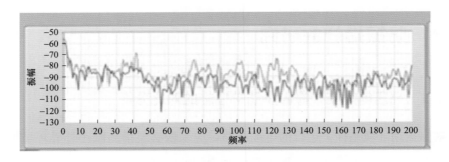

图 6-31　电缆橡胶垫防护措施幅值对比图

1. 支架间距防止共振的检测措施

（1）公式计算。根据式（6-1）计算校核，设计值 5m 间距可避免高铁 50～100Hz 和 200～300Hz 区域振幅较大区段；可避免普通列车 30～50Hz 振幅较大区域；避免高速公路 10～40Hz 区域振幅较大区段。

（2）现场校核检测结果见表 6-1。

表 6-1　　　　　　　　　现 场 校 核 检 测 结 果

振动源类型	检测次数	平均振幅（mg）	结论
高速列车	约 20m 处 50 次	98.47	无明显共振
	约 30m 处 80 次	87.25	
普通列车	约 20m 处 50 次	58.12	无明显共振
高速公路	约 20m 处 100 次	52.15	无明显共振
	约 35m 处 100 次	46.78	

经过现场检测校核，验证多振动源均未见明显共振。

2. 小结

（1）通过现场统计，高速列车每年约为 3.7 万次振动，以电缆线路运行 30 年寿命计算，电缆线路寿命周期内的所承受的高速列车运行振动约为 110 万次。当振动次数不断累积时，金属套所能承受的应变量将衰减，当达到 100 万次时，皱纹铝护套所能承受的应变降低为 ±0.1%。且桥架与振动源的间距越大，所产生的振动幅值越小；高速列车的速度越大产生的振动振幅越大；高速列车所产生的振动频率范围大，主要集中在 0～500Hz 范围内，其中以 50～100Hz 和 200～300Hz 区域振幅较大；普通列车所产生的振动频率范围较小，主要集中在 0～100Hz 范围内，其中以 30～50Hz 区域振幅较大；桥架上的振动幅值要小于电缆支撑结构上的振动幅值；未完全固定的电缆支架上的振动幅值要大于电缆支撑结构上的振动幅值。

（2）经过现场检测验证统计发现，可根据不同振动源的振动特征频率区间计算获得相应的支架间隔，可有效避免共振效应。

（3）经过现场检测验证统计发现，采用 3mm 厚度橡胶垫与不采用橡胶垫相比，可明显降低振幅比例，是有效的防振措施。

6.6.2　防振措施建议

涉及振动条件下运行的电缆的技术事项如下：

1. 设计阶段

（1）高压电缆护层不应选择铅套。

（2）对于运行在振动条件下的电缆线路的通道及布置设计，首先通过测量确定电缆通道所承受的振动频率特征值，跟振动特征值确定电缆布置方式。

（3）对于运行在振动条件下的电缆线路，应提前检测振动特征数据，根据振动特征值、电缆类型、重量等进行计算确定电缆支架间距，以防止由于桥梁振动引起的支架之间的电缆发生谐振。

（4）在电缆终端处应分析外界环境的振动传递及终端支架的振动对电缆的影响，应采取增加防振垫等措施来降低振幅，从而降低对交联聚乙烯电缆的影响。

（5）对于电缆中间接头应采取合理的布置措施，避免局部受力，对于中间接头铅封位置，振幅增大并由于其结构特点应避免该位置局部受力，应对铅封位置设计防振措施。

（6）在隧道敷设条件下支架之间的电缆及蛇行敷设时的波峰及波谷处的振幅将增大，可采取必要防振措施，降低振动对电缆的影响。

（7）当电缆敷设在桥架上运行带负荷电流运行以后，应再次测量电缆本体上的振动情况，以便确定电缆本体所承受的振动。

2. 敷设安装阶段

（1）应进一步加固电缆支撑架，并与桥架结构连接。

（2）应紧固电缆支架使其与支撑架刚性连接，电缆支架上放置橡胶垫。

（3）对敷设在桥架上的电缆应采取防振措施，如在电缆夹具抱箍与电缆之间加橡胶垫片等。

3. 运维阶段

（1）对处于振动作用下的电缆通道及电缆线路应开展有效的振动及应力监测手段，巡检过程中应重点巡视振动作用导致的脱落、形变等情况。

（2）电缆敷设后及运行过程中还需对桥架伸缩缝位置的位移变化进行监测。

（3）测量并确定处于振动源作用下的电缆通道与其他通道过渡段的电缆本体所承受的振动及交变应力作用。

本节在分析环境振动的特征及其对电缆线路影响的基础上，研制了基于加速度传感器的电缆线路振动应变监测系统设备，在无锡 220kV 电缆线路上，将检测系统应用在电缆线路的环境振动特征值的测量分析中，分别测量了电缆线路在跨越公路的桥架上和电缆线路平行敷设在高速铁路附近情况下，在电缆线路上所测得的振动特征值，这也是在国内外首次获得 220kV 大导体截面的电缆线路临近高铁线路时的振动特征值和跨越公路的桥架上的 220kV 大导体截面的电缆的振动特征值；通过振动值对交联聚乙烯电缆影响调研得出长期频繁振动对电缆可靠运行影响的结论；通过分析不同振动源的振动特征，开展防振措施的前后效果监测（检测）对比，从而针对性地提出了有效的设计、施工、运维阶段的多振动源高压电缆线路防振措施。

7 | 高落差高压电缆的敷设及验收要点

7.1 高压大截面电缆线路高落差无接头连续敷设标准化作业要点

7.1.1 作业前准备

根据工作安排合理开展准备工作，准备工作内容见表7-1。

表7-1 准 备 工 作 安 排

序号	内　　容	要　　　　求	备注
1	参加设计审查、设计交底并组织施工现场勘查，明确电缆线路路径和现场通道情况	（1）设计勘查、交底时应认真细致，明确施工电气安装的各项内容和技术要求，对于未明确的，应及时提出，要求设计单位给予明确交底，必要时应提出多次设计交底。 （2）检查通道是否符合电缆施工技术要求，现场是否具备施工电源、通风、防火、照明、通信、敷设交通通道畅通等施工条件，未具备条件应及时提出，在通道符合技术要求并具备施工条件（或采取了相关措施）后方可进场。 （3）根据规定向运行单位办理通道进场许可手续，许可后方可进场作业。 （4）认真组织施工项目部成员进行现场勘查，明确现场危险源点和质量控制点	
2	核对电缆材料、明确现场危险源点和质量控制点，组织编制施工组织设计、质量控制手册（作业指导书）	（1）确认工作范围及作业方式，开展电缆敷设通道疏通、排水、检查，有问题及时向相关单位汇报，核对电缆分段长度、电缆接头位置。 （2）施工组织设计、质量控制手册（作业指导书）应结合现场实际，具体详细。应明确编制专项安全、技术措施要求；明确电缆高落差连续敷设各段落的敷设工艺、牵引力、侧压力控制平面布置图，明确固定措施要求及固定平面布置图。应办理开工、交通占用、停电申请、工作票等工作相关手续	

序号	内　　容	要　　求	备注
3	组织成立项目部，项目经理向全体作业人员进行交底，学习施工组织设计和质量控制手册（作业指导书），使全体作业人员熟悉施工三措（组织措施、安全措施、技术措施）、作业内容、作业标准、安全注意事项	作业人员应明确作业内容、标准和安全注意事项	
4	准备好施工设备与相关材料、相关图纸及相关技术资料的收集、核对，有变化应及时办理变更手续	仪器仪表、工器具应试验合格，满足本次施工的要求，材料应齐全，图纸及资料应符合现场实际情况	
5	填写工作票（作业票）及危险源点预控卡等资料	工作票（作业票）填写正确，危险源点分析到位	
6	准备电缆敷设工器具，必要时配合研发相关工器具	工器具齐备合格	

劳动组织明确了工作所需人员类别、人员职责和作业人员数量，见表7-2。

表7-2　　　　　　　　　　劳　动　组　织

序号	人员类别	职　　责	作业人数（人）
1	项目经理	全面负责项目，对工程的生产调度、安全、质量、进度、效益及文明施工、政策处理等全面负责	1
2	项目总工	全面负责本工程的技术管理和培训工作，协助项目经理做好现场施工任务的分配、落实	
3	工作总负责人	（1）对现场工作全面负责，在作业工作中要对作业人员明确分工，保证工作质量。 （2）对安全作业方案及电缆敷设质量负责。 （3）识别现场作业危险源，组织落实防范措施。 （4）工作前对工作班成员进行危险点告知，交待安全措施和技术措施，并确认每一个工作班成员都已知晓。 （5）对作业过程中的安全进行监护	1
4	现场质量员	负责本工程的质量监督及内部验收	1
5	现场安全员	负责本工程的安全监督及保障	1
6	资料员	负责本工程各项资料的收集及编制	1
7	材料员	负责办理本工程材料的领用手续、现场送货联系及现场材料、废料管理	1
8	电缆敷设人员	负责电缆敷设工作	10～30人或根据情况决定

表7-3明确了工作人员的精神状态，工作人员的资格包括作业技能、安全资质和特殊工种资质等要求。

表 7-3　　　　　　　　　　　　人 员 要 求

序号	内　　容	备　　注
1	现场作业人员应身体健康、精神状态良好	
2	具备必要的电气知识和送电线路作业技能，能正确使用作业工器具，了解设备有关技术标准要求	
3	熟悉现场安全作业要求，并经《安规》考试合格	

根据作业项目，确定所需的备品备件与材料，见表 7-4。

表 7-4　　　　　　　　　　备 品 备 件 与 材 料

序号	名　　称	型号	单位	数量	备　　注
1	电缆		m	根据实际工作核对	
2	白棕绳	4～6分	m	30	
3	铁丝	8～10号	kg	10	
4	汽油	93号	L	20	
5	牛油		包	4～10	
6	热收缩封帽		只	3～9	
7	钢性封帽		只	3～9	
8	封铅		根	3～6	
9	硬脂酸	一级	块	2～6	
10	回丝		kg	5	
11	液化气		罐	1	
12	防水带		卷	2～6	
13	自粘性PVC带		卷	2～6	
14	电缆标示牌		块	若干	
15	塑料扎丝		根	若干	
16	塑料嗽叭口		只	若干	

工器具与仪器仪表主要包括专用工具、常用工器具、仪器仪表、电源设施和消防器材等，见表 7-5。

表 7-5　　　　　　　　　　工 器 具 与 仪 器 仪 表

序号	名　　称	型号	单位	数量	备　　注
1	个人安全工器具		套	1/人	
2	安全围栏		个	若干	
3	电锯		把	1	
4	放线架		套	3	

序号	名　称	型号	单位	数量	备　注
5	千斤顶		台	3	
6	空芯钢管		根	3	
7	卷扬机		台	1	
8	钢丝绳		根	1	
9	防捻器		只	1	
10	电缆盘制动设备		个	1	
11	低摩擦电缆敷设滑轮		只	10～20	可根据现场情况调整
12	回力撑		根	若干	
13	转角滑轮/滑板		组	2～4	可根据现场情况调整
14	输送机（配套总控、分控箱）	8kN	台	6～8	可根据现场情况调整
15	发电机		台	1～2	可根据现场情况调整
16	抽水泵		台	2～4	可根据现场情况调整
17	绝缘梯		张	若干	
18	穿线机		台	1	
19	疏通器	根据管径	套	1	
20	排风机		台	4～8	可根据现场情况调整
21	防护井圈		只	4～6	可根据现场情况调整
22	对讲机		只	6～8	
23	卷尺	100m	把	1～2	
24	工具箱		只	2	
25	灭火器		只	若干	
26	绝缘电阻表	5000V/2500V	台	1/1	
27	气体检测仪		台	1	
28	拉力表		只	1	
29	校直装置		个	1	
30	快速蛇形打弯装置		个	3～6	可根据现场情况调整
31	小顶管小型敷设门型架		个	20～30	可根据现场情况调整
32	输送机升降平台		台	6～8	配合输送机数量
33	多功能导向滑动架				电缆进入井口处调节位置
34	医药箱		个	2～4	300m　1个，医疗急救
35	空气罐		个	3～6	100m　1个，防止中毒

表7-6要求的技术资料主要包括现场使用的图纸、出厂说明书、作业记录等。

表7-6　　　　　　　　　　　技　术　资　料

序号	名　　称	备　注
1	电缆厂家产品技术规范书、合格证书、出厂试验报告、设计资料、图纸等相关资料	
2	该作业的施工组织设计、施工质量手册、施工路径图、施工交底、沿线路径通道历史记录等相关资料	

作业前通过查看表7-7的内容，了解作业前设备的运行状态。

表7-7　　　　　　　　　　作业前设备设施状态

序号	作业前设备设施状态
1	掌握电缆到货情况，对已到货电缆进行外观、校潮试验，记录电缆盘长及盘号，排列敷设顺序
2	电缆头封帽密封情况
3	电缆外护套是否有制造缺陷及损坏情况
4	其他

7.1.2　危险点分析与预防控制措施

表7-8规定了高压大截面电缆线路高落差连续敷设的危险点与预防控制措施。

表7-8　　　　　　　　　危险点分析与预防控制措施

序号	防范类型	危险点	预防控制措施
1	高空坠落	不规范使用登高工具	(1) 不得借助安全情况不明的物体或徒手攀登杆塔
			(2) 检查登高板、脚扣、安全带、梯子应合格完好
			(3) 梯子摆放角度得当，使用时有人扶持
			(4) 杆上人员应系好安全带，戴好安全帽
			(5) 安全带应高挂低用，系在杆塔或牢固的构件上，扣牢扣环
			(6) 杆塔上作业转移时，不得失去安全保护
2	物体打击	高空落物	(1) 现场地面工作人员均应戴好安全帽
			(2) 作业现场设置围栏，对外悬挂警告标志
			(3) 工具材料上下传递用绝缘绳，扣牢绳结，杆下应防止行人逗留
			(4) 杆塔上拆装中的构件和摆放的物件要防止滑落
3	交通事故	交通安全	(1) 打开的电缆沟周围应设围栏，夜间挂红灯
			(2) 放置在人行道或快、慢车道上的电缆盘，占用道路应办理相关手续，并在道路50m处设置标示牌，夜间抢修应采用反光标示牌，挂红色警示灯
			(3) 穿越城市道路时应注意交通安全，遵守交通法规
			(4) 工作现场物品应堆放有序，不得乱放

序号	防范类型	危险点	预防控制措施
4	其他伤害	（1）中毒、窒息	进电缆井前应排除井内浊气，在井内工作时应做好通风工作，并设专人监护
		（2）烫、烧伤、火灾爆炸	（1）动火时火焰不得对着人体，人员应穿长袖工作服。 （2）煤气包及皮管、喷枪应完好、合格，动火应专人监护，并配置足够数量的合格灭火器
		（3）机械伤害	在使用电锯锯电缆时，应使用合格的带有保护罩的电锯
		（4）扎伤	撬下电缆盘包装板后，应将遗留的钉子打弯，并放在适当的地点
		（5）挤伤	（1）电缆盘应设专人监护，防止电缆盘倾倒
			（2）电缆盘转动时应用工具控制转速
			（3）用滑轮敷设电缆时，不要在滑轮滚动时用手搬动滑轮，工作人员应站在滑轮前进方向
			（4）电缆穿孔或穿导管时，工作人员手握电缆的位置应与孔口保持适当距离（不小于800mm）
			（5）用机械牵引电缆时，绳索应有足够的机械强度
			（6）统一指挥，保证现场通信联系畅通
			（7）工作人员应站在安全位置，不得站在钢丝绳内角侧等危险地段
			（8）牵引设备的拖根或地锚应牢固、可靠
		（6）触电	（1）现场施工电源应使用绝缘导线，并在开关箱的首端处安装合格的漏电保安器
			（2）现场使用的电动工具应按周期进行试验，并经试验合格
			（3）移动式电动设备或电动工具应使用软橡胶电缆，电缆不得破损漏电
5	防盗措施	防止电力电缆及电力设备被偷盗	（1）根据施工和现场作业环境要求，施工部室应制定工作计划，合理安排电缆、电缆附件、电力设备和其他材料物资等的进场时间及地点。尽量避免过早进场，以减少人、材、物的损失和浪费
			（2）进场的材料和物资应集中摆放，周边应设置遮拦，采用防雨措施，必要时设立临时存放间
			（3）工作负责人应合理安排每天的工作，工器具及一些贵重小件物品不应留在现场过夜，每天工作结束都应清理现场
			（4）留在施工现场的物资、设备、材料等都应派专人看守，已敷设的电缆应及时加黄沙、盖板、恢复路面。暴露在外、未送电的电缆和电力设备等均是夜间看守、巡视的重点

续表

序号	防范类型	危险点	预防控制措施
5	防盗措施	防止电力电缆及电力设备被偷盗	（5）变电站内施工期间，各种物资、材料的摆放、看守与上述要求一致；夜间看守时，变电站内如不允许有人看守的，可在变电站外设点看守、巡视，留有记录

7.1.3 作业流程

根据作业设备的结构、作业工艺以及作业环境，将作业的全过程优化为最佳的作业步骤顺序，见图7-1。

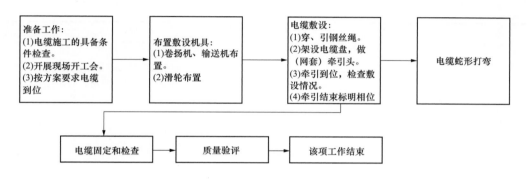

图7-1 电力电缆线路敷设流程图

办理开工许可手续前应检查落实的内容，见表7-9。

表7-9 开 工 内 容 与 要 求

序号	内 容
1	工作票负责人按照有关规定办理好工作票许可手续
2	本作业负责人对本班工作人员进行明确分工，并在开工前检查确认所有工作人员正确使用劳保和安全防护用品
3	在本作业负责人带领下进入作业现场并在工作现场向所有工作人员详细交待作业任务、安全措施和安全注意事项，全体工作人员应明确作业范围、进度要求等内容，并在到位人员签字栏上分别签名，安全互保的人员相互之间确定互保关系并签字
4	专责施教人对辅助人员（外来）按工区规定进行施教，施教内容包括作业范围、安全措施、安全注意事项等

表7-10规定了电源接取的位置、接取电源的注意事项和对导线的要求等内容。

表7-10 作 业 电 源 的 使 用

序号	内容	标 准	备注
1	作业电源接取位置	从作业电源箱接取，且在工作现场电源引入处应配置有明显断开点的隔离开关和触电保护器	

序号	内容	标　　准	备注
2	作业电源的配置	根据设备容量核定作业电源的容量，作业电源必须是三相四线并有漏电保安器	
3	接取电源时注意事项	必须由作业专业人员接取，接取时严禁单人操作，接取电源前应先验电，用万用表确认电源电压等级和电源类型无误后，从作业电源箱内出线闸刀下桩头接出	
4	作业电源线要求	根据作业设备容量选择相应的导线截面，不小于 $2.5mm^2$	

按照作业流程，对每一个作业项目，明确作业标准、注意事项等内容，见表 7-11。

表 7-11　　　　　　　　　　　　作业项目与作业标准

序号	检修项目	作业标准	注意事项	备注
1	现场准备	（1）根据高落差敷设平面布置图，再次确认电缆盘、工器具布置位置及敷设方法。 （2）全体工作人员分工明确，任务落实到人，安全措施交代到位	（1）临时电源容量应满足要求，并安全、可靠；通风、照明、防火、通信、交通、地形环境符合开工技术要求。 （2）安全措施符合要求	
2	设备布置准备			
2.1	电力电缆排管（拉管）敷设（高落差前段）			
2.1.1	布置敷设机具	（1）在管井前地面上放置电缆盘，搭设放线架，该放线架安装有带限位和滑移功能的导向滑轮（可进行电缆限位和入井口位置调节）及输送机。 （2）在管井内安装敷设门型架，钢管内放置直线低摩擦滑轮。 （3）用穿管器将钢丝绳穿好。 （4）在保护管的进、出口处安装管口喇叭口。 （5）对于大截面电缆，当排管（拉管）不超过43m时，采用全输送敷设方式，当超过43m时，采取牵引＋输送的敷设方式，卷扬机应按敷设平面布置图布置到位。 （6）检查通信工具，确保通信良好。 （7）安装良好的联动控制装置，开展敷设装置的控制箱连接，并按技术方案要求进行检查，试运行应无问题	（1）进入管井前，检测电缆隧道内的有害及可燃气体含量，气体含量超标要进行通风处理。 （2）井口需要设置围栏等保护措施。 （3）电缆敷设时，电缆应从盘的上端引出，滑轮布置间距应适当，不应使电缆在支架上及地面摩擦拖拉	

序号	检修项目	作业标准	注意事项	备注
2.1.2	电缆敷设	（1）机械牵引时，牵引力满足设计规范和规程标准的要求，敷设速度不超过 6～7m/min；满足弯曲半径和侧压力、扭力等要求。 （2）电缆盘处设 1 或 2 名有经验人员负责施工，检查外观有无破损，并协助牵引人员把电缆牵引端顺利送到带有导向滑轮的电缆敷设架，通过导向滑轮，再通过输送机进入电缆井口或涵洞井口。 （3）敷设时应注意保持通信顺畅，在电缆盘、管井等地方安排有经验的人员看护，敷设过程中若发现问题，应立即停止，及时处理。 （4）电缆裕度按照设计要求预留。 （5）电缆就位轻放，严禁磕碰支架端部和其他尖锐硬物。 （6）电缆井内蛇形打弯，蛇形的波节、波幅应符合设计要求。 （7）敷设后，检查电缆密封端头、电缆外护套是否损伤、试验是否合格，有问题应及时处理。 （8）用记号笔在电缆两端做好路名标记。对于单芯电缆，将相色带缠绕在电缆两端的明显位置。 （9）将电缆保护管口封堵严实	应在牵引头牵引钢丝绳之间装设防捻器	
2.1.3	电缆固定	（1）根据设计技术要求以及电缆固定平面布置图，复核电缆夹具间距，按要求开展电缆扰性、刚性固定。 （2）根据设计要求安装热应力释放装置	（1）单芯电缆上的夹具不得以铁磁材料构成闭合磁路，应采用铝合金、不锈钢或塑料为材质的夹具。 （2）电缆夹具间加装弹性衬垫，对电缆进行防震。 （3）带有弹簧的固定电缆夹具应由有经验的人使用力矩扳手紧固，夹具两边的螺栓应交替进行，不能过松或过紧，应根据刚性、扰性固定的技术要求进行固定，确保弹簧满足扰性、刚性固定要求。 （4）拉管段（超过一定距离）连接隧道段应采取热应力释放的固定方式，拉管段连接工井段应采取热应力释放的固定方式，吸收拉管段的热膨胀及热应力等	

序号	检修项目	作业标准	注意事项	备注
2.2	电力电缆隧道及电缆涵洞敷设			
2.2.1	布置敷设机具	(1) 敷设前搭建放线架。 (2) 根据施工方案布置卷扬机、电缆输送机和滑轮。 (3) 检查通信工具，确保通信良好。 (4) 安装良好的联动控制装置，进行敷设装置的控制箱连接，并按技术方案要求进行检查，试运行应无问题	电缆敷设平面布置图应根据实际情况，在电缆盘处搭建电缆放线架，放线架应保证安全、牢固可靠，满足电缆弯曲半径要求，如在隧道内拐弯、上下坡等处应额外增补电缆输送机，并加设专用的拐弯滑轮。在比较特殊的敷设地点，应根据具体情况增加电缆输送机	
2.2.2	敷设电缆	(1) 敷设应注意保持通信畅通，在电缆盘、牵引端、转弯处、竖井、隧道进出口、终端、放缆机及控制箱等地方设置通信工具。 (2) 电缆盘处设 1 或 2 名有经验人员负责施工，检查外观有无破损，并协助牵引人员把电缆终端顺利送到井口处。 (3) 电缆允许的最大牵引力按照铜芯电缆为 70N/mm²、铝芯电缆为 40N/mm² 考虑。 (4) 转弯处的侧压力应符合制造厂的规定，无规定时在圆弧形滑板上不应小于 3kN/m，在电缆路径弯曲部分有滚轮时，电缆在每只滚轮上所受的侧压力对波纹铝护套电缆为 2kN。 (5) 电缆的弯曲半径一般要满足有关规定和设计要求。 (6) 电缆敷设的速度要求为 6m/min。 (7) 敷设过程中，应设专人监护，局部电缆出现裕度过大情况，应立即停车处理后方可继续敷设，防止电缆弯曲半径过小或撞坏电缆；敷设过程中若发现其他问题，应立即停止，及时处理。 (8) 电缆就位应轻放，严禁磕碰支架端部和其他尖锐硬物。 (9) 电缆蛇形打弯，蛇形的波节、波幅应符合设计要求。 (10) 每条电缆标示路名，并将相色带缠绕在电缆两端的明显位置。 (11) 敷设后，检查电缆密封端头、电缆外护套是否损伤，试验是否合格，有问题应及时处理	(1) 电缆盘应配备制动装置，它可以保证在任何情况下能够使电缆盘停止转动，防止电缆损伤。 (2) 电缆在制作蛇形打弯时，严禁用有尖锐棱角铁器器撬电缆，防止损伤电缆。 (3) 每条电缆标示路名，并将相色带缠绕在电缆两端的明显位置	

序号	检修项目	作业标准	注意事项	备注
2.2.3	电缆固定	（1）在电缆隧道及电缆沟、竖井敷设中，电缆敷设完毕后，应按设计要求将电缆固定在支架上或地面槽钢上。 （2）电缆固定材料一般有电缆固定金具、电缆抱箍、皮垫、防盗螺栓、尼龙绳等。 （3）按设计要求调整电缆的波幅，进行挠性固定的波峰、波谷及波形间距应符合设计规定，波幅误差为±10mm。 （4）电缆悬吊固定按设计要求执行，电缆引上固定安装设计要求执行，固定完成后，外护套试验通过后，安装防盗螺母	（1）单芯电缆上的夹具不得以铁磁材料构成闭合磁路，应采用铝合金、不锈钢或塑料为材质的夹具，铁制夹具及零部件应用镀锌制品。 （2）电缆夹具间加装弹性衬垫，对电缆进行防震。 （3）带有弹簧的固定电缆夹具应由有经验的人使用力矩扳手紧固，夹具两边的螺栓应交替进行，不能过松或过紧，应根据刚性、挠性固定的技术要求进行固定，确保弹簧满足挠性、刚性固定要求	
2.3	电力电缆竖井敷设			
2.3.1	布置敷设机具	（1）敷设前搭建放线架，放线架应保证安全、牢固可靠，满足电缆弯曲半径要求。 （2）卷扬机敷设： 1）卷扬机布置在竖井的上方，钢丝绳与电缆采取专用夹具固定。 2）在进入竖井处安装专用转弯滑轮	（1）查清施工现场的状况、电缆特点，确定敷设方案和平面布置图，选择用卷扬机敷设或电缆输送机敷设。 （2）电缆输送机敷设电缆应有电缆输送机上下竖井运输的通道，确定电缆输送机固定的位置，布置电缆输送机。 （3）计算使用电缆输送机数量时应注意下列因素，并考虑安全系数： 1）电缆输送机的出力。 2）电缆长度。 3）每米电缆重量。 4）电缆输送机倒车。 5）电缆输送机夹紧力不同等。 考虑上述因素，输送机安全系数取 0.6	
		（3）电缆输送机敷设： 1）根据电缆敷设平面布置图，布置电缆输送机和滑轮。 2）在进入竖井处应配有调节电缆输送机，该输送机可独立控制，也可同步控制，根据敷设情况，可进行短时方向操作，收回沉井下口电缆的余度，防止电缆由于垂直重力带来的机械不同造成的竖井顶端敷设段过度绷紧、电缆侧压力过大的问题	（1）电缆输送机与滑轮搭配使用，根据电缆的型号、规格选取电缆输送机与滑轮。 （2）在竖井旁边的平台上，根据竖井的高度和电缆重量在每个平台之间放置一定数量的电缆输送机，电缆输送机垂直放置并与平台地面固定	

序号	检修项目	作业标准	注意事项	备注
2.3.2	敷设电缆	卷扬机敷设： （1）电缆允许的最大牵引力按照铜芯电缆为70N/mm²。 （2）电缆敷设的侧压力应符合制造厂的规定，无规定时在圆弧形滑板上不应小于3kN/m，在电缆路径弯曲部分有滚轮时，电缆在每只滚轮上所受的侧压力对波纹铝护套电缆为2kN。 （3）电缆敷设的速度要求为4～6m/min。 （4）用卷扬机对竖井内电缆进行反向牵引，钢丝绳与卷扬机连接，并每隔一段距离用专用卡具将电缆与钢丝绳固定一次，电缆随钢丝绳一起缓慢进入竖井，卷扬机的最大牵引能力必须大于电缆本体重量的5倍。 （5）在第二、三平台应设专人检查每个专用卡具是否卡紧，不能有滑脱的现象。 （6）敷设过程中认真检查专用卡具是否牢固固定住电缆。 （7）电缆裕度按照设计要求预留。 （8）电缆就位应轻放，严禁磕碰支架端部和其他尖锐硬物。 （9）电缆蛇形打弯，蛇形的波节、波幅应符合设计要求。 （10）每条电缆标示路名，并将相色带缠绕在电缆两端的明显位置。 （11）敷设后，检查电缆密封端头、电缆外护套是否损伤、试验是否合格，有问题应及时处理	（1）在敷设第一条电缆时，应观察放线支架，并根据实际情况进行调整，以满足电缆弯曲半径的要求。 （2）电缆由地面下井后，电缆盘看护人员、竖井内的施工人员，应不断地把敷设情况通知电力输送机主控台或卷扬机操作人员，发现问题及时停止。 （3）竖井上下口敷设支架应有专人看护，并随时观察，上口看护人员应随时注意滑轮与电缆的受力情况，以防侧压力过大损伤电缆。 （4）电缆盘的刹车采用电缆盘支架轴孔刹车或电缆盘边刹车方式，在电缆盘距竖井口很近时，采取两种刹车方式相结合的方法。 （5）为防止电缆由于自身重量自由滑落，在每盘电缆即将放完时，应在电缆尾部装设一条反向牵引绳作为应急装置。 （6）竖井上端转角滑轮处，电缆承受最大侧压力，此处设专人检查，发现问题及时停止，并解决，防止电缆损伤	
		电缆输送机敷设： （1）电缆允许的最大牵引力按照铜芯电缆为70N/mm²。 （2）电缆敷设的侧压力应符合制造厂的规定，无规定时在圆弧形滑板上不应小于3kN/m，在电缆路径弯曲部分有滚轮时，电缆在每只滚轮上所受的侧压力对波纹铝护套电缆为2kN。		

续表

序号	检修项目	作业标准	注意事项	备注
2.3.2	敷设电缆	（3）电缆敷设的速度要求为6m/min。 （4）向下输送电缆的同时将电缆夹紧，防止电缆突然坠落。 （5）电缆的弯曲半径一般要求不小于20D（D为外径），如设计有特殊要求以设计为准。 （6）电缆输送机在夹紧电缆后，电缆输送机的输送带会随着与电缆的摩擦，最初的夹紧会有所松动，应设专人把已夹上电缆的电缆输送机再紧一遍，保证电缆输送机的夹紧力。 （7）电缆在竖井内敷设到一定深度时，应让电缆输送机倒转一次，检查电缆是否夹紧，如果电缆与电缆输送机输送带不同步，有滑动现象，应停止施工，检查电缆输送机和所有放电缆设备。如竖井较深电缆输送机倒转可考虑增加次数。 （8）电缆裕度按照设计要求预留。 （9）电缆就位应轻放，严禁磕碰支架端部和其他尖锐硬物。 （10）电缆蛇形打弯，蛇形的波节、波幅应符合设计要求。 （11）每条电缆标示路名，并将相色带缠绕在电缆两端的明显位置。 （12）敷设后，检查电缆密封端头、电缆外护套是否损伤、试验是否合格，有问题应及时处理		
2.3.3	电缆固定	（1）按设计图纸蛇形敷设布置，按节距长度固定，固定电缆要牢固，金具尽量和电缆垂直。 （2）电缆竖井敷设完毕后应先把竖井内的电缆固定后，再固定其他区段。 （3）在20～30m垂直竖井段高位转弯处应采用不少于2处刚性固定，底部采用不少于4处刚性固定	（1）单芯电缆上的夹具不得以铁磁材料构成闭合磁路，应采用铝合金、不锈钢或塑料为材质的夹具，铁制夹具及零部件应用镀锌制品。 （2）电缆夹具间加装弹性衬垫，对电缆进行防震。 （3）带有弹簧的固定电缆夹具应由有经验的人使用力矩扳手紧固，夹具两边的螺栓应交替进行，不能过松或过紧，应根据刚性、扰性固定的技术要求进行固定，确保弹簧满足扰性、刚性固定要求	

序号	检修项目	作业标准	注意事项	备注
2.4	电力电缆桥梁、桥架敷设			
2.4.1	布置敷设机具	（1）按敷设平面布置图要求，进行输送机和滑轮的布置。 （2）拐弯滑轮组固定组装在进、出口处。 （3）检查通信工具，确保通信良好。 （4）安装良好的联动控制装置，开展敷设装置的控制箱连接，并按技术方案要求进行检查，试运行应无问题	电缆敷设时，电缆应从盘的上端引出，滑轮布置间距应适当，不应使电缆在支架上及地面摩擦拖拉	
2.4.2	敷设电缆	（1）电缆盘、入口、出口处设1或2名有经验人员负责施工，检查外观有无损伤，如有损伤应立即停止敷设，组织分析，采取整改措施后再施工，对损伤处采取修补措施。 （2）电缆敷设应满足牵引力、侧压力、扭力等的要求。 （3）电缆裕度摆放合理，满足设计要求。 （4）电缆蛇形打弯，蛇形的波节、波幅应符合设计要求。 （5）电缆就位轻放，严禁磕碰支架端部和其他尖锐硬物。 （6）每条电缆标示路名，并将相色带缠绕在电缆两端的明显位置。 （7）敷设后，检查电缆是否损伤、试验是否合格，有问题应及时处理	当一段电缆敷设达到要求长度，需锯断电缆时，应立即密封后再敷设下一段	
2.4.3	电缆固定	（1）按设计图纸蛇形敷设布置，按节距长度固定，固定电缆要牢固，金具尽量和电缆垂直。 （2）电缆竖井敷设完毕后应先把竖井内的电缆固定后，再固定其他区段。 （3）在落差段，转弯处应根据落差情况进行计算确定固定夹具数量和间距，不得少于2处刚性固定	（1）单芯电缆上的夹具不得以铁磁材料构成闭合磁路，应采用铝合金、不锈钢或塑料为材质的夹具，铁制夹具及零部件应用镀锌制品。 （2）电缆夹具间加装弹性衬垫，对电缆进行防震，当跨高铁或平行高铁时，应加强振动应力检测，按防振要求确定固定夹具间距要求，做好防固有频率的谐振措施。 （3）带有弹簧的固定电缆夹具应由有经验的人使用力矩扳手紧固，夹具两边的螺栓应交替进行，不能过松或过紧，应根据刚性、扰性固定的技术要求进行固定，确保弹簧满足扰性、刚性固定要求	

序号	检修项目	作业标准	注意事项	备注
3	质量验评	（1）电缆外观破损、凹瘪，外观检查合格，主绝缘、外护套绝缘试验合格。 （2）电缆方位标志或标桩正确、齐全。 （3）电缆敷设位置、排列及固定符合设计要求，牢固美观。 （4）电缆蛇形敷设波距、波幅符合设计要求，打弯时电缆均匀受力，无尖角等损伤。 （5）电缆路名及两端相色带（单芯电缆）正确清晰，标牌制作和悬挂符合标准要求。 （6）并列敷设的电缆，其接头的位置按设计要求相互错开	（1）长期置于通道内的电缆封头，应定期派专人检查抽水泵工作情况及电缆头密封情况，特别是在汛期应加强检查。 （2）其他工作交叉作业时，应加强电缆的保护措施，防止损伤敷设好的电缆	
4	电缆扫尾工作	（1）电缆敷设完毕，应做好清扫封堵及电缆通道的防火工作。 （2）盖好盖板，必要时，将电缆盖板缝隙密封，防止杂物滑入，电缆空盘应及时清运		
5	验收、终结	工作负责人检查工作现场、进行自我验收；与运行人员共同组织验收；对工作进行总结		

7.2 高压电缆线路敷设施工要点

7.2.1 电缆敷设

1. 一般规定

（1）应做好电缆通道排水、杂物清理、通风、有毒气体检测等工作，满足电缆敷设条件，电缆不得潜水敷设。

（2）电缆敷设时，电缆应从电缆盘的上端引出，不应使电缆在支架或地面上摩擦拖拉。

（3）用机械敷设电缆时，应控制电缆牵引力。牵引头牵引线芯方式，铜芯不大于 $70N/mm^2$，铝芯不大于 $40N/mm^2$；钢丝网罩牵引金属护套方式，铅套不大于 $7N/mm^2$，铝套不大于 $40N/mm^2$；机械牵引采用牵引头或钢丝网套时，牵引外护套时，最大牵引力不大于 7N/mm²。

（4）机械敷设电缆的速度不宜超过 15m/min，110kV 及以上电缆或在较复杂路径上敷设时，其速度应适当放慢，其速度不宜超过 6～7m/min。

（5）机械敷设电缆时，应在牵引头或钢丝网套与牵引钢缆之间装设防捻器。

（6）转弯处的侧压力应符合制造厂的规定，无规定时在圆弧形滑板上不应大于 3kN/m，在电缆路径弯曲部分有滚轮时，电缆在每只滚轮上所受的侧压力对无金属护套的挤包绝缘电缆为 1kN，对波纹铝护套电缆为 2kN，铅护套电缆为 0.5kN。

（7）电缆的最小弯曲半径应符合表 7-12 要求。

表 7-12 电缆最小弯曲半径

项目	35kV 及以下的电缆				66kV 及以上的电缆
	单芯电缆		三芯电缆		
	无铠装	有铠装	无铠装	有铠装	
敷设时	20D	15D	15D	12D	20D
运行时	15D	12D	12D	10D	15D

注 1. 表中 D 为电缆外径。
　　2. 非本表范围电缆的最小弯曲半径按照制造厂提供的技术规定。

（8）220kV 及以上电缆，应采用牵引机、输送机同步联动的方式进行电缆敷设。

（9）敷设时应设专人指挥，在牵引机控制装置、电缆下盘处、入孔洞处、电缆卷扬机、输送机（同步）装置、排管（拉管）出入口、转弯半径等关键点布置人员专人监视，确保现场通信联络畅通，并配置有可靠的紧急制动装置。

（10）在电缆进入建筑物、隧道，穿过楼板及墙壁处，从沟道引至电杆、设备、墙外表面或屋内行人容易接近处，距地面高度 2m 以下的一段，可能有载重设备移经电缆上面的区段及其他可能受到机械损伤的地方，电缆应有一定机械强度的保护管或加装保护罩。

（11）电力电缆在终端头与接头附近宜留有备用长度。

（12）电缆敷设完后应排列整齐，排列间距应符合规定要求，检查电缆密封端头、电缆外护套，应无损伤。如有局部损伤，应及时修复。

2. 电缆排管（拉管）敷设

（1）敷设电缆前，应检查电缆管安装时的封堵是否良好。衬管接头处应光滑，不得有尖突。如发现问题，应进行疏通清扫，以保证管内无积水、无杂物堵塞。在疏通检查过程中发现排管内有可能损伤电缆护套的异物必须及时清除。

（2）交流单芯电缆以单根穿管时，不得采用未分割磁路的钢管。电缆排管选材应考虑强度、散热、老化、阻燃、腐蚀等因素，禁止使用高碱玻璃钢管。排管管口应无毛刺和尖锐棱角，管口应做成喇叭形。排管应有不小于0.3%的排水坡度。

（3）每管宜只穿1根电缆。管的内径不宜小于电缆外径或多根电缆包络外径的1.5倍，并应不小于150mm。同一段排管通道的排管内径选择不宜多于2种。

（4）穿电缆时，不得损伤护层，可采用无腐蚀性的润滑剂（粉），管孔端口应采取喇叭口等防止损伤电缆的处理措施。

3．电缆沟敷设

（1）电缆施工前需揭开部分电缆沟盖板。在不妨碍施工人员下电缆沟工作的情况下，可以采用间隔方式揭开电缆沟盖板；然后在电缆沟底安放滑轮，清除沟内外杂物，检查支架预埋情况并修补，并把沟盖板全部置于沟上面不利展放电缆的一侧，另一侧应清理干净；应在电缆引入电缆沟处和电缆沟转角搭建转角滑轮支架，用滚轮组成适当圆弧，减小牵引力、侧压力和控制电缆弯曲半径，并防止电缆在牵引时受到沟边或沟内金属支架擦伤；采用钢丝绳牵引电缆，电缆牵引完毕后，用人力将电缆定位在支架上；最后将所有电缆沟盖板恢复原状。

（2）一般情况下先放支架最下层、最里侧的电缆，然后从里到外，从下层到上层依次展放。电力电缆和控制电缆应分别安装在沟的两边支架上。若不能时，则应将电力电缆安置在控制电缆之下的支架上，高电压等级的电缆宜敷设在低电压等级电缆的下方。

（3）电缆沟内所有电缆均应敷设于支架上，支架应与预埋件相连，强度和宽度应满足电缆及附件荷重和安装维护的受力要求，110（66）kV及以上电缆与金属支架间应采用绝缘材料隔离。在电缆沟转弯处使用加长支架，让电缆在支架上允许适当位移。

4．电缆隧道敷设

（1）电缆隧道敷设牵引一般采用卷扬机钢丝绳牵引和输送机（或电动滚轮）相结合的方法，使用同步联动控制装置。敷设优先采用可调式适位敷设工法，采用电缆略高于支架悬空敷设、宽度能让出货物运输、人员行走空间的方式，实现电缆高度、宽度适位调节敷设一体化作业。在隧道底部可每隔2～3m安放一只滑轮，用输送机敷设时，一般根据电缆重量每隔30m左右设置一台，敷设时关键部位应有人监视。

（2）电缆隧道高落差竖井敷设，可采用下降法或上引法，应结合现场实际情况通过计算对比明确适用的方法，确保电缆牵引力、侧压力、扭力、弯曲半径等满足技术要求。对于垂直高落差电缆隧道敷设，优先推荐采用下降法。高度差较大的隧道两端部位，应防止电缆引入时因自重产生过大的牵引力、侧压力和扭转应力。隧道、电缆夹层等两端的高落差竖井中应采取措施，以确保上端90°转弯处电缆因自重所承受的侧压力不超过允许值。电缆"几型"高落差电缆沟（隧道）、桥架、竖井、拉管等复合通道敷设，优先推荐采用"几型"高落差高点无接头敷设法，推荐采用输送、牵引相结合的牵引方式、优先推荐"几型"高处到低处的敷设方向，应结合现场实际情况，应用不同通道的工程计算公式明确输送机、低摩擦滑轮等合理数量和现场布置图，确保电缆牵引力、侧压力、扭力、弯曲半径等满足技术要求。

（3）高电压、大截面电缆应采用机械工器具上支架，并采取保护措施，防止在上支架时损伤电缆。

（4）110（66）kV及以上大截面电缆敷设，电缆蛇形敷设的波节、波幅应符合设计、规程要求，误差不大于＋10mm，打弯时应采取保护措施，防止损伤电缆。

5. 电缆桥梁敷设

（1）桥梁上电缆敷设一般采用卷扬机钢丝绳牵引和电缆输送机牵引相结合的办法。将电缆盘和卷扬机分别安放在桥箱入口处，并搭建适当的滑轮、滚轮支架。在电缆盘处和隧道中转弯处设置电缆输送机，以减小电缆的牵引力和侧压力。在电缆桥箱内安放滑轮，清除桥箱内外杂物；检查支架预埋情况并修补；采用钢丝绳牵引电缆，"几型"桥架段不宜安装接头，有条件情况下应采用无接头敷设方式。

（2）短跨距交通桥梁，电缆应穿入内壁光滑、耐燃的管子内，在桥堍部位设电缆伸缩弧，以吸收过桥电缆的热伸缩量。

（3）长跨距交通桥梁人行道下敷设电缆，为降低高速列车、高速内环高架公路、高速公路、轻轨等立体交通带来的不同振动源引起的桥梁振动对电缆金属护套、绝缘层的影响，应有防振措施。

（4）对于运行在振动条件下的电缆线路的通道及布置设计，首先通过测量确定电缆通道所承受的振动频率特征值，通过振动特征值确定电缆布置方式。对于运行在振动条件下的电缆线路，应提前检测振动特征数据，根据振动特征值、电缆类型、重量等进行计算，确定电缆支架间距，以防止由于桥梁振动引起的支架之间的电缆发生谐振。在电缆终端处应分析外界环境的振动传递及终端支架的振动对电缆的影响，应采取增加防振垫等措施来降低振幅，从而降低对交联聚乙烯电缆的影响。

（5）对于电缆中间接头应采取合理的布置措施，避免局部受力。巡检过程中应重点巡视振动作用导致的脱落、形变等情况。测量并确定处于振动源作用下的电缆通道与其他通道过渡段的电缆本体所承受的振动及交变应力作用。

（6）在隧道敷设条件下支架之间的电缆及蛇行敷设时的波峰及波谷处的振幅将增

大，可采取必要防振措施，降低振动对电缆的影响。当电缆敷设在桥架上运行带负荷电流以后，应再次测量电缆本体上的振动情况，以便确定电缆本体所承受的振动。

（7）在桥墩两端和伸缩缝处，电缆应充分松弛。当桥梁中有挠角部位时，宜设置电缆迂回补偿装置。高压大截面电缆应作蛇形敷设。

（8）公路、铁道桥梁上的电缆，应采取防止振动、热伸缩以及风力影响下金属套、主绝缘层因长期应力疲劳导致断裂的措施。

（9）悬吊架设的电缆与桥梁架构之间的净距不应小于 0.5m。

7.2.2　电缆的支持与固定

（1）电缆固定在支架上，电缆排列、夹具固定间距应符合设计、规程要求。

（2）固定电缆用的夹具、扎带、捆绳或支托件等部件，应具有表面平滑、便于安装、足够的机械强度和适合使用环境的耐久性。除交流单芯电力电缆外，可采用经防腐处理的扁钢制夹具、尼龙扎带或镀塑金属扎带。强腐蚀环境，应采用尼龙扎带或镀塑金属扎带。交流单芯电力电缆的刚性固定，宜采用符合设计机械强度的铝合金、阻燃工程塑料等不构成磁性闭合回路的夹具；其他固定方式，可采用尼龙扎带或绳索不得用铁丝直接捆扎电缆。

（3）电缆明敷时，应沿全长采用电缆支架、桥架、挂钩或吊绳等支持与固定。最大跨距应满足支架件的承载能力和无损电缆的外护层及其导体的要求。

（4）垂直敷设或超过 45°倾斜敷设的电缆，水平敷设的电缆，在电缆首末两端及转弯、电缆接头的两端处、当对电缆间距有要求时，每隔 5～10m 处，桥架上每隔 2m 处，应加以固定。

（5）35kV 及以下电缆明敷，水平敷设固定部位应设置在电缆线路首、末端和转弯处以及接头的两侧，且宜在直线段每隔不少于 100m 处；垂直敷设固定部位应设置在上、下端和中间适当数量位置处；斜坡敷设，固定部位应遵照以上条款，因地制宜设置；当电缆间需保持一定间隙时，固定部位宜设置在每隔 10m 处；交流单芯电力电缆，还应满足按短路电动力确定所需予以固定的间距。

（6）35kV 以上高压电缆明敷时，加设固定的部位除应符合上一条款的规定外，在终端、接头或转弯处电缆的紧邻部位上，应设置不少于 1 处的刚性固定；在垂直或斜坡的高位侧，宜设置不少于 2 处的刚性固定；采用钢丝铠装电缆时，还宜使铠装钢丝能夹持住并承受电缆自重引起的拉力。电缆蛇形敷设的每一节距部位，宜采取挠性固定。蛇形转换成直线敷设的过渡部位，宜采取刚性固定，固定夹具紧握力应符合设计、厂家要求，一般不小于 3kN。

（7）在 35kV 以上高压大截面电缆的终端、接头与电缆连接部位，长距离排管（拉管）与工井衔接处，桥梁与其他通道衔接处等宜设置伸缩节。伸缩节应大于电缆允许弯曲半径，并应满足金属护层的应变不超出允许值。当通道狭小传统伸缩节无法放置时，推荐采用可滑移浮动组合装置，通过上下浮动和滑动槽前后滑移组合装配方式，满足拉管与狭小通道衔接安全固定的问题。

（8）未设置伸缩节的接头两侧，应采取刚性固定或在适当长度内电缆实施蛇形敷设。电缆蛇形敷设的参数选择，应保证电缆因温度变化产生的轴向热应力，不致对电缆金属套长期使用产生应变疲劳断裂，且宜按允许拘束力条件确定。一般蛇形敷设的波形节距为 4～6m，波形幅值为电缆外径的 1～1.5 倍。

（9）固定电缆夹具应根据设计、施工、厂家固定方案要求，使用力矩扳手紧固，夹具两边的螺栓应交替进行，不能过松或过紧，松紧程度应一致，

（10）电缆敷设于直流牵引的电气化铁道附近时，电缆与金属支持物之间宜设置绝缘衬垫。

（11）裸铅（铝）护套电缆的固定处应加软衬垫保护。

（12）护层有绝缘要求的电缆，在固定处应加绝缘衬垫。

（13）电缆固定要牢固，防止脱落，避免使电缆受机械振动影响，并应做好防火和防机械损伤措施。

（14）电缆终端上杆塔处，电缆上杆除底部基础应夯实，必要时应采取垫沙包等措施，防止地基下沉而使上杆电缆长期受力。电缆弯曲半径应满足要求，按厂家规定要求，保持电缆终端头以下垂直固定，电缆终端底座以下应有不小于 1m 的垂直段，且刚性固定不应少于 2 处。电缆终端处应预留适量电缆，长度不小于制作一个电缆终端的裕度。

（15）高压电缆终端上杆塔处，夹具应满足紧固接触面的要求，紧固力应满足电缆长期稳定不下垂、又不过于受力损坏电缆的技术要求。

（16）高压大截面电缆蛇形敷设，电缆固定时，根据设计要求进行的间距和扰性、刚性要求进行固定，间距应符合设计、规程规定。

（17）电缆拉管、排管口的固定应采用管口柔性专用固定装置，从而释放热应力，防止短路电动力引起电缆鞭击受损。

（18）竖井电缆敷设完毕后，应立即自下而上将电缆固定在井壁支架上。高落差竖井电缆敷设可采用高落差电缆复合材料固定支架根据现场实际确定合适的安装数量、

位置、间距、角度进行组合安装，在垂直或斜坡的高位侧，宜设置不少于 2 处的刚性固定；采用钢丝铠装电缆时，还宜使铠装钢丝能夹持住并承受电缆自重引起的拉力。高落差电缆竖井敷设后固定可根据实际高度采用专用装置进行刚性固定或扰性固定方式。刚性固定适用于截面不大的电缆，可每隔 1～2m 内进行固定，扰性固定使用可移动式电缆夹具，使电缆呈蛇形固定。

7.3 高压电缆线路敷设施工管控责任要点

7.3.1 电缆敷设前路径勘察、检查

电缆敷设前路径勘察、检查工作内容见表 7‑13。

表 7‑13　　　　　　　　　　　电缆敷设前路径勘察、检查工作

序号	工作步骤	工 作 内 容	时间	厂家代表	施工单位代表	监理单位代表	运行单位代表	建设管理单位代表
1	电缆敷设前路径勘察	(1) 电缆通道路径走向，是否有与图纸一致。 (2) 电缆通道断面是否与设计图纸一致。 (3) 电缆通道是否符合现场敷设要求。 (4) 中间接头沟、电缆沟、工井内有无其他障碍物，并留有影像资料。 (5) 电缆通道转弯点弯曲半径是否符合敷设要求						
2	测量电缆路径长度	(1) 测量电缆通道长度与设计图纸是否一致。 (2) 电缆盘长是否满足电缆实际路径长度						
3	电缆通道内附件检查	(1) 电缆通道内支架、通风、照明、排水、检修电源是否齐备、满足要求。 (2) 电缆通道现场是否具备运输和吊装车辆停放及工作要求						
4	核对电缆线路名称、回路、相位	(1) 根据设计图纸要求核对电缆线路名称是否正确。 (2) 根据设计图纸要求核对电缆线路回路是否正确						
5	存在问题							

7.3.2 电缆运输、现场检查

电缆运输、现场检查见表 7-14。

表 7-14　　　　　　　　　　电缆运输、现场检查

序号	工作步骤	工　作　要　求	时间	厂家代表	施工单位代表	监理单位代表	运行单位代表	建设管理单位代表
1	相关凭证	(1) 设备材料供货合同编号。 (2) 供货厂家						
2	外包装	无破损，并留有影像资料						
3	铭牌核对	与设计、合同一致						
4	型号核对	与设计、合同一致，并留有影像资料						
5	质保书或合格证	齐全、有效						
6	出厂试验报告	齐全、有效						
7	电缆盘运输	(1) 对起吊电缆做好安全措施，周围设安全围栏，设专人监护。 (2) 电缆盘在运输中应用平板拖车运送、绑牢，前后卡上木塞，防止滚动，并留有影像资料。 (3) 电缆盘运输、装卸应注意周围环境，确保吊车起吊安全。 (4) 电缆盘放置，应核对电缆箭头方向，并留有影像资料。 (5) 核对电缆盘的放置顺序及编号						
8	存在问题							

7.3.3 现场保管

现场保管工作内容见表 7-15。

表 7-15　　　　　　　　　　现 场 保 管 工 作

序号	工作步骤	工作要求	时间	厂家代表	施工单位代表	监理单位代表	运行单位代表	建设管理单位代表
1	保管场地整理	将原包装电缆盘放置于平整、无积水、无腐蚀性气体的场地，并留有影像资料						
2	装卸	电缆盘不得平置、倾翻、碰撞和受到剧烈的撞击；重大单元应尽量一次就位或靠近安装位置，避免二次转运，并留有影像资料						

序号	工作步骤	工作要求	时间	厂家代表	施工单位代表	监理单位代表	运行单位代表	建设管理单位代表
3	防雨防潮	（1）对有防雨要求的设备应有相应防雨措施，并留有影像资料。 （2）电缆防护罩在敷设前应保持完好，不得撤卸						
4	电缆盘保管	应符合产品技术文件要求，保持原包装完整						
5	存在问题							

7.3.4 敷设前准备

敷设前准备如表7-16。

表7-16　　　　　　　　　　敷设前准备

序号	工作步骤	工作要求	时间	厂家代表	施工单位代表	监理单位代表	运行单位代表	建设管理单位代表
1	电缆路径及通道的检查	（1）核对电缆敷设路径长度与盘长是否符合要求。 （2）测量并记录敷设地点与电缆终端与接头处的距离，以便准确预留长度及电缆余度。 （3）预留孔洞、预埋件安装牢固，强度符合设计要求，并留有影像资料。 （4）电缆沟、隧道、工作井、竖井及人孔等处的土建工作结束，电缆沟排水畅通、无积水，金属部分的防腐层完整，电缆隧道、顶管、夹层内通风照明符合要求，并留有影像资料。 （5）电缆路径沿线场地清理干净、道路畅通，沟盖板齐备。 （6）电缆敷设用的脚手架及其他临时设施应安装完毕并符合安全规范要求，并留有影像资料。 （7）电缆排管及拉管口符合电缆敷设要求并根据敷设方案或作业指导书中要求做好相位及线路名称标记，以确保电缆敷设相位无误，并留有影像资料。 （8）检查电缆沟转弯点是否符合电缆弯曲半径的要求						

序号	工作步骤	工作要求	时间	厂家代表	施工单位代表	监理单位代表	运行单位代表	建设管理单位代表
2	电缆检查	（1）对电缆规格、型号、截面、电压等级等进行详细检查，均需与设计图纸一致。 （2）电缆外观无扭曲，牵引头、护层无损伤，并留有影像资料。 （3）电缆封端应严密，当外观检查有怀疑时，应进行受潮判断或试验。 （4）根据实测路径长度及到货电缆长度，将电缆进行分盘；并按电缆敷设方案或作业指导书要求将电缆进行排序，最终确定敷设顺序。 （5）敷设前制作电缆标记牌，确保电缆敷设相位、线路方向与施工图纸相符。标记牌上应注明线路名称编号、电缆规格、型号、电缆等级及敷设路径区间等信息，并留有影像资料。 （6）电缆盘摆放地点设置明显告示牌、挂红灯、红旗、设遮拦、夜晚挂红灯警示，确保过往人员、车辆的安全。 （7）冬季电缆敷设、温度达不到规范要求时，应将电缆提前加温						
3	电缆敷设工器具检查	（1）敷设电缆前，对支架、大轴、千斤顶、电缆滚轮、转向导轮、吊链、滑轮、钢丝绳进行检查试运转。 （2）对敷设电缆的输送机、牵引机进行检查，并留有影像资料。 （3）对绝缘电阻表、皮尺、钢锯、手锤、扳手、电气焊工具、电工工具进行检查。 （4）切断电缆的电锯、电源、煤气包、电缆封帽完好。 （5）检查吊装电缆钢丝千斤是否符合要求。 （6）敷设用的无线电对讲机或扩音喇叭是否完好						
4	施工人员准备	（1）编制电缆敷设作业指导书并审核通过。 （2）敷设前根据施工方案或作业指导书对敷设人员进行技术交底、安全交底及现场危险源辨识教育培训。经考试合格后方可参与施工，并，并留有相关人员影像资料						
5	存在问题							

7.3.5　电缆敷设

电缆敷设见表 7-17。

表 7-17　电　缆　敷　设

序号	工作步骤	工作内容	时间	厂家代表	施工单位代表	监理单位代表	运行单位代表	建设管理单位代表
1	措施落实	（1）电缆盘落点周围设置安全围挡，挂警示牌，设专人监护。 （2）电缆沟、隧道、工作井、竖井及人孔等处设置安全围挡，挂警示牌，设专人监护，并留有影像资料。 （3）施工现场安全、文明、环境、质量控制、优质服务措施完备。 （4）电缆通道内如有运行电缆及附件，需落实相关防护措施						
2	电缆敷设前护层测量	电缆护层测量试验符合要求，并留有影像资料						
3	电缆敷设	（1）采用同步牵引机和输送机以及滑轮组方式进行电缆敷设，高落差电缆敷设采用牵引为辅、输送为主的组合方式进行敷设；"几型"高落差应用低摩擦滑轮降低牵引力敷设。 （2）牵引机的牵引速度及拉力控制符合要求，并留有影像资料。 （3）电缆敷设时，电缆应从电缆盘的上端引出，不应使电缆在支架或地面上摩擦拖拉。电缆上不得有铠装压扁、电缆绞拧、护层折裂等未消除的机械损伤，并留有影像资料。 （4）电缆的最小弯曲半径应符合验收规范要求，并留有影像资料。 （5）电缆敷设时应排列整齐，不宜交叉，电缆固定、标志牌符合要求，并留有影像资料。 （6）敷设电缆时，应在牵引头或钢丝网套与牵引钢缆之间装设防捻器，并留有影像资料。 （7）110kV 以上电缆敷设时，转弯处侧压力不应大于 3kN/m。 （8）高电压、大截面电缆蛇形、垂直打弯符合设计要求，并留有影像资料。						

序号	工作步骤	工作内容	时间	厂家代表	施工单位代表	监理单位代表	运行单位代表	建设管理单位代表
3	电缆敷设	（9）做好防止损伤电缆护层的安全措施。 （10）电缆牵引头及沿线设专人监视。 （11）电缆敷设完后，应及时清除杂物，管口封堵完好，盖好盖板。必要时，应将盖板缝隙密封，并留有影像资料。 （12）应对电缆相序进行挂牌，并留有影像资料						
4	电缆敷设后护层耐压试验	（1）在电缆护层试验前做好安全措施，设专人监护。 （2）电缆护层试验合格，并留有影像资料						
5	存在问题							

7.3.6 验收

验收工作内容见表7-18。

表7-18 验 收 工 作

序号	工作步骤	工作内容	时间	厂家代表	施工单位代表	监理单位代表	运行单位代表	建设管理单位代表
1	电缆的固定	（1）电缆垂直或超过45°倾斜敷设的电缆在每个支架上；桥架上每隔2m处固定电缆，并留有影像资料。 （2）水平敷设的电缆，在电缆首末两端及转弯、电缆接头两端处；隧道、竖井、工作井、变电站内电缆夹层内安装支架处固定电缆，并留有影像资料。 （3）交流系统的单芯电缆或分相后的分相铅套电缆的固定夹具不应构成闭合磁路。 （4）裸铅（铝）护套电缆的固定处应加软衬垫保护，并留有影像资料。 （5）护层有绝缘要求的电缆，在固定处应加绝缘衬垫，并留有影像资料。						

序号	工作步骤	工作内容	时间	厂家代表	施工单位代表	监理单位代表	运行单位代表	建设管理单位代表
1	电缆的固定	（6）电缆固定要牢固，防止脱落，避免使电缆受机械振动影响，并应做好防火和防机械损伤措施，并留有影像资料。 （7）临近振动源振幅持久的电缆，应采用3mm橡胶垫的抱箍，固定要牢固，避免电缆受外力机械振动影响，并留有影像资料。 （8）大截面电缆在排管、拉管、桥梁等固定处需加装伸缩装置，狭小空间应用可滑移浮动伸缩组合装置，并留有影像资料						
2	标志牌的装设	（1）在电缆终端头、电缆接头、转弯处、夹层内、隧道及竖井的两端、人孔井等处，电缆上应装设标志牌，并留有影像资料。 （2）标志牌上应注明线路名称编号、电缆型号、规格、起止点、厂家、敷设日期等信息。 （3）标志牌规格宜统一，具备防腐能力，挂装应牢固，且字迹清晰、不易脱落						
3	电缆敷设	（1）电力电缆和控制电缆不应配置在同一层支架上。 （2）并列敷设的电力电缆，其相互间的净距应符合设计要求，并留有影像资料。 （3）电缆固定在支架上，电缆排列、夹具固定符合设计要求，并留有影像资料。 （4）电缆是否完好。 （5）电缆隧道内和不填砂土的电缆沟内的电缆应设置有防火设施，并留有影像资料。 （6）电缆引进隧道、人孔井及建筑物时，应穿入管中，并在穿管段增加阻水法兰等设施，以防渗漏水，并留有影像资料。 （7）电缆人孔井井盖安装符合规范要求，并留有影像资料。						

序号	工作步骤	工作内容	时间	厂家代表	施工单位代表	监理单位代表	运行单位代表	建设管理单位代表
3	电缆敷设	（8）电缆路径上标识牌规范、齐全						
4	电缆封堵	（1）电缆管口或电缆竖井口处要有防火泥封堵，封堵应严实、可靠，不应有明显的裂缝和可见的孔隙，孔洞较大处应加耐火板后再进行封堵，并留有影像资料。 （2）在电缆沟中应用软质耐火材料分段设置防火墙，并留有影像资料。 （3）电缆穿过竖井、墙壁、楼板或进入电气盘、柜的孔洞处需用防火堵料密实封堵，并留有影像资料						
5	电缆支架	（1）电缆支架表面光滑、无毛刺，适应使用环境的耐久稳固，满足所需承载能力要求，并留有影像资料。 （2）金属电缆支架全长均良好的接地。 （3）当设计无要求时，电缆支架最上层至竖井顶部或楼板距离不小于150～200mm；支架最下层至沟底或地面的距离不小于50～100mm。 （4）支架与预埋件焊接固定时，焊缝饱满；用膨胀螺栓固定时，选用连接适配，连接紧固的防松零件，并应齐全						
6	电缆护层试验	电缆护层试验合格并有详细试验记录						
7	完工资料	（1）敷设记录正确、完整。 （2）电缆检查记录正确、完整。 （3）电缆生产厂家、盘号正确、完整。 （4）电缆试验记录、核相记录正确、完整。 （5）电缆线路地理信息图正确、完整						
8	存在问题							

7.4　220kV 2500m² 电缆高落差敷设电缆线路验收要点

7.4.1　验收要求

（1）电缆线路高落差连续敷设的验收属于中间验收，必须按照验收程序进行，一般应包括高落差连续敷设段落的土建通道验收、连续敷设电气安装两部分。

（2）施工、监理和运行单位必须严格执行电缆线路建设的设计、施工、技术、验收管理规定，做到各负其责。

（3）验收人员根据技术协议、设计图纸、相关规程规范和验收文档开展现场验收。

（4）验收中发现的问题必须限时整改，由工程管理部门组织整改完毕后重新验收。

7.4.2　验收条件

工程中间验收是指自电缆及附件产品等到达现场起至工程竣工验收前止，按照项目设计、施工技术文件、验收规范和质量检验标准的要求，由工程建设单位、施工单位、监理单位和业主（运行单位）单独或集体实施的，对设备质量、工程施工、设备安装等关键环节进行的验收活动。验收内容包括电缆等到达现场的检查、电缆线路附属设施和构筑物的验收、电缆敷设的验收、电缆标示设施验收、电缆线路防火阻燃、封堵设施验收等。隐蔽工程应在施工过程进行中进行中间验收，并由监理做好签证。中间验收发现的问题必须限时整改。

7.4.3　验收内容

1. 档案资料验收

（1）工程建设文件。

（2）工程建设依据性文件及资料。

1）可研报告和立项审批文件。

2）工程初步设计、施工图设计审查文件。

3）路径审批文件及合同、协议等（规划、土地、林业、环保、建设、通信、军事、民航等部门）。

（3）工程设计、施工、监理、调试及设备、材料等招投标文件及其合同、协议。

（4）电缆线路走廊及相关附属设施的占地、征地、补偿协议文件。

（5）重要文件和会议纪要。

（6）工程施工文件。

（7）工程开工报告。

（8）施工组织设计。

（9）施工技术交底及施工协调会议记录。

（10）施工原始记录。

1）电缆通道允许进场施工许可书。

2）电缆验货记录。

3）敷设现场记录。

（11）隐蔽工程记录及签证书。

（12）施工质量事故报告和重要缺陷处理记录。

（13）试验报告。

1）电缆外护套绝缘电阻测量试验记录。

2）电缆外护套直流耐压试验记录。

3）电缆主绝缘的绝缘电阻测量试验记录。

（14）验收文件。

1）中间验收阶段的《工程验收申请报告》。

2）中间验收阶段的《工程验收意见汇总表》。

3）《工程实施阶段整改意见单》。

4）《遗留缺陷汇总表》。

（15）运行资料。

1）电缆线路平面布置图，比例尺一般为1∶500，地下管线密集地段为1∶100，管线稀少地段为1∶1000。在房屋内及变电站附近的路径用1∶50的比例尺绘制。平行敷设的电缆线路，必须标明各条线路相对位置，并标明地下管线剖面图。电缆线路如采用特殊设计，应有相应的图纸和说明。

2）移交专用工器具、备品备件清单。

（16）工程材料文件。

1）电缆出厂质量合格证明和试验记录。

2）水泥制品及其他建材相关检测报告。

3）管材出厂试验报告及到货抽检试验报告。

4）工程其他主要设备和材料的技术文件。

5）全部材料清单。

2. 高落差连续敷设段落的电缆通道验收

（1）电缆隧道土建。

1）通道内所有金属构件和固定式用电器具均应可靠接地，应装设贯通全长的连续的接地线，所有电缆金属支架应与接地线连通，接地电阻应符合要求。金属构件应采用热镀锌防腐，采用耐腐蚀复合材料时，应满足承载力、防火性能等要求。

2）通道内预埋件与支架应安装牢固，横平竖直。规格、高程、方位、埋入深度及外露长度等均应符合设计要求，安装必须牢固、可靠，精度应符合有关规程、标准的要求。预埋件的允许安装偏差：中心线位移小于或等于10mm，埋入深度偏差小于或等于5mm，垂直度偏差小于或等于5mm。

3）隧道每隔100～200m增设人孔井，人员进出工作井应设楼梯，楼梯较高时应按规范设置工作平台，防止人员坠落。工作井盖应采用双层结构，材料应满足荷载及环境要求，以及防水、防盗、防滑、防位移、防坠落等要求。

4）隧道内应安装照明系统，并设置明显的提示性、警示性标识。照明灯具应选用防潮、防爆型节能灯，防爆、防腐等级以及照度应符合国家标准要求。采用吸顶安装，安装间距不大于10m。照明应采用分段控制，分段间距一般为250m。灯具同时开启一般不超过3段。照明灯具的电源应由两路电源交叉供电，照明灯开关应采用双控开关；照明用低压电源线应选用防潮、阻燃线材，导线截面不应小于1.5mm²的硬铜导线，并全线敷设于防火槽（管）内，防火槽（管）应固定在电缆隧道顶板上。低压电源控制箱应配置可靠的漏电保护器。

5）隧道内应采取可靠的阻火分隔措施，每相隔200m、通风区段处、电缆分支处等，应设置防火墙（门）。同一通道中电缆较多，或不同电压等级电缆混合在通道中，应增设防火槽盒。对隧道内各种孔洞进行有效的防火封堵，并配置必要的消防器材。

6）隧道结构防水等级不应低于二级，隧道内应对各种孔洞进行有效防水封堵并配置排水系统。隧道底部应有流水沟，且纵向排水坡度不得小于0.5%。排水系统应满足隧道最高扬程要求，上端应设止回阀以防止回水，积水应排入市政排水系统。

7）隧道通风应优先采用自然通风，可根据需要采取机械通风的方式，通风口间距、风机数量等配置应满足隧道通风量的要求，风速不宜超过5m/s。进、排风发出的噪声应符合国家环境保护要求，通风口应有防止小动物进入隧道的金属网格及防水、防火、防盗措施，风机在隧道内发生火警时应自动关闭。

8）隧道内应合理设置应急通信系统。重要电缆隧道应采用先进适用的现代监测技术，加强对非法侵入、火情、温度、水位、气体成分，以及通风、排水等设备的状态监控。通信和监测系统工作电源不应与照明等电源共用。

9）电缆隧道净高不宜小于 1900mm，与其他沟道交叉段净高不得小于 1400mm。

10）隧道内巡视通道的净宽：两侧有支架时，不宜小于 1000mm；单侧有支架时，不宜小于 900mm。

11）电缆支架的层间垂直距离应满足能方便地敷设电缆及其固定、安置接头的要求，在多根电缆同置一层支架上时，有更换或增设任一电缆的可能，电缆支架之间最小净距 110kV 及以上不宜小于 2D+50mm（D 为电缆外径）。最下层支架距沟道底部最小净距不宜小于 100mm，最上层支架距沟道顶部最小净距不宜小于 300mm。

12）高落差地段的电缆隧道中，通道不宜呈阶梯状，且纵向坡度不宜大于 15°。

13）电缆隧道纵向斜坡如超过 10°，检修通道应设防滑地坪；隧道内接地系统的接地电阻设计无规定时不宜大于 10Ω；电缆隧道与其他电缆敷设方式的接口处应做好防水措施。

14）在靠近加油站建设时，电缆隧道外沿距三级加油站地下直埋式油罐的安全距离不应小于 5m，距离二级加油站地下直埋式油罐的安全距离不应小于 12m。

15）当电缆隧道位于机动车道或城市主干道下时，检查井不宜设在主路机动车道上。设置在绿化带下面时，在绿化带上所留的人孔出口处高度应高于绿化带地面，且不小于 300mm。

（2）电缆沟验收。

1）电缆沟通道净深不宜大于 1.5m，电缆沟上方施工完毕覆土前应设置地下警示标志带。

2）电缆沟建设应满足荷载及环境要求。禁止易燃、易爆等其他管道穿越电缆沟，电缆沟墙体应能防止可燃物经土壤渗入。电缆沟的齿口应有角钢保护，钢筋混凝土盖板应用角钢或槽钢包边，盖板间不应有明显间隙。电缆沟内排水坡度应符合相关要求，并在标高最低处设置集水坑。

3）工井的结构尺寸应满足相关规范要求，封闭式工井应设置不少于两个人孔，底部应设置集水坑和排水装置，纵向排水坡度不宜小于 0.3%，积水坑上应铺盖金属格栅。

4）电缆沟内通信光缆与电力电缆、输电电缆与配电电缆同沟敷设时，应采取有效的防火隔离措施。

5）不需覆土的电缆沟，其盖板顶面应与地面相平或稍有上下。

6）电缆盖板应为钢筋混凝土预制件，其尺寸应严格配合电缆沟尺寸，表面应平整，四周宜设置预埋的护口件。一定数量的盖板上应设置供搬运、安装用的拉环，拉环宜能伸缩。电缆沟盖板间的缝隙应在 5mm 左右。

7）电缆沟底板应平整，沟内应清理干净并保持干燥，无杂物；沟底及墙壁应平整，沟内应无积水；电缆沟内的预埋件应安置牢固；电缆沟内所有构件及烧焊点应防腐处理（已镀锌部分除外）。

8）每个工井应设接地极和接地网，并按工程设计图纸施工，接地极、预埋铁件、金属支架与接地网均用电焊连接。

9）电缆沟与排管过渡处沟底与管底高度应满足设计规范要求，不小于 150mm。

10）电缆盖板及混凝土浇注段标号符合设计要求；电缆沟直角地方应砌成大于半径 2.5m 的弧形。

（3）电缆排管。

1）电缆管管口无毛刺、尖锐棱角。

2）电缆管敷设后无裂缝、凹瘪现象。

3）排管通道所选用排管内径不应小于 1.5 倍电缆外径，并不小于 ϕ150。同一段排管通道的排管内径选择不宜多于 2 种。

4）电缆管的埋设深度不小于 0.7m；在人行道下面敷设时，不应小于 0.5m。

5）电缆管施工时，两端管口在电缆穿管前采用专用管塞封堵，两端管口在电缆穿管后采用防水封堵。

6）电缆管安装牢固，管枕距离符合设计要求。

7）电缆管过路时，不同电压等级电缆埋管应分层埋设，间隔不小于 200mm，严禁混排。

8）同一工井的过路管口之间的对接，高差坡度应不大于 1：10，利于电缆敷设时顺利通过。

9）单芯电缆的排管通道均应选择非磁性材料，过路管应采用无碱玻璃钢管或高密度聚氯乙烯管，每回路应最少增加一根埋管作为备用。

10）为控制排管中各管材的相互间距保持一致，应采用管枕。安装施工要求应符合标准工艺要求。管与管之间保证 5cm 间距；塑料管连接应牢固、可靠，对接头部位应打磨棱角，不得径向、轴向移动，避免电缆敷设时拉伤电缆外护层。

11）排管通道需要转弯或连接时，应在转弯或连接部位设置工作井。相邻两座工作井的间距不宜超过 130m。

12）敷设排管前应将地基填平、夯实，钢筋混凝土保护层厚度应符合标准工艺要求。

13）35kV 及以上的电缆排管必须采用钢筋混凝土包封结构。

（4）电缆拉管。

1）提供管道穿越地段的建筑基础、地下障碍物及各类管线的平面位置和走向、类型名称、埋设深度、材料和尺寸等以及管在地下空间位置的相应三维轨迹图。

2）入土段和出土段钻孔应是直线的，不应有垂直弯曲和水平弯曲，这两段直线钻孔的长度不宜小于 10m。

3）导向孔轨迹的弯曲半径应满足电缆弯曲半径及施工机械设备的钻进条件。

4）电力管道之间及电力管道与各类地下管道、地下构筑物、道路、铁路、通信、树木等之间应保证一定的净距。

5）穿越地下土层的最小覆盖深度应大于钻孔的最终回扩直径的 6 倍。

6）每孔非开挖拉管应全线连接后一次性铺管，管材应采取防绕措施。

7）导向孔钻进施工时，每 2～3m 应进行一次测量，宜采用测控软件进行钻孔轨迹控制，其出土点的误差应在 500mm 范围内。

8）回拖扩孔的孔径一般是拟铺管道直径的 1.2～1.5 倍。

9）扩孔完成后应立即进行回拖铺管，拉管头与待铺管材应保证可靠连接，实际作用于拉管头的牵引力不得超过管材的允许拉力。

10）拉管两端应裕留 10m 与电缆构筑物对接。

11）拉管建设时，多回路形成的拉管组，每回路应分批次进行牵拉施工，拉管组中每根拉管两侧的地理位置应对应一致。工作井衔接处的拉管两侧各 5m 段应使用钢筋混凝土包封，每条拉管应排列规则，施工要求应符合工艺标准要求和设计说明规定。

12）拉管外壁与土石之间应采用压密注浆。

（5）竖井。

1）沉井（竖井）中，应有人员活动的空间，且宜符合下列规定：未超过 5m 高度时，可设置爬梯，且活动空间不宜小于 800mm×800mm。超过 5m 高时，宜设置楼梯，且每隔 3m 宜设置楼梯平台，超过 20m 高且电缆数量多或重要性要求较高时，可设置简易式电梯。

2）井的宽度、深度符合设计要求，井壁应采用混凝土配筋浇筑（表面抹平，无开裂现象），井底采用混凝土铺平。

3）接地网埋设，地网阻值符合设计要求。

4）竖井内设置集水坑和自动抽水泵装置、照明、通风装置。

（6）电缆桥架。

1）电缆桥梁的高度应符合相关管理部门的要求，桥梁通道的两端应设工作井和防跨栏装置，工作井及配套装置应符合相关要求。

2）电缆梯架（托盘）、电缆梯架（托盘）的支（吊）架、连接件和附件的质量应符合现行的有关技术标准，电缆梯架（托盘）的规格、支吊跨距、防腐类型应符合设计要求。

3）专用的电缆桥梁通道内部净空尺寸应按规划敷设电缆的类型、数量和桥梁设计要求确定。通道两端应设电缆伸缩吸收装置，以吸收过桥部分电缆的形变。

4）为尽量避免电缆运行受到太阳直接照射，必要时加装遮阳罩。

5）经常受到振动的直线敷设电缆，应设置橡皮、砂袋等弹性衬垫。

6）金属制桥架系统，应设置可靠的电气连接并接地，且金属构件外表面施加防火涂层。

7）电缆桥架（托盘）在每个支吊架上的固定应牢固，桥架（托盘）连接板的螺栓应紧固，螺母应位于桥架（托盘）的外侧。

8）当直线段钢制电缆桥架超过 30m、铝合金或玻璃钢制电缆桥架超过 15m 时，应有伸缩缝，其连接宜采用伸缩连接板；电缆桥架跨越建筑物伸缩缝处应设置伸缩缝。

9）铝合金梯架在钢制支吊架上固定时应有防电化腐蚀的措施。

10）电缆桥架转弯处的转弯半径，不应小于该桥架上的电缆最小允许弯曲半径的最大者。

11）电缆桥梁的支架全长均应有良好的接地。

（7）电缆支架。

1）电缆支架的加工，钢材应平直，无明显扭曲。下料误差应在 5mm 范围内，切口应无卷边、毛刺。支架应焊接牢固，无显著变形。各横撑间的垂直净距与设计偏差不应大于 5mm。

2）金属电缆支架必须进行防腐处理。位于湿热、盐雾以及有化学腐蚀地区时，应根据设计作特殊的防腐处理。

3）电缆支架应安装牢固，横平竖直；托架支吊架的固定方式应按设计要求进行。各支架的同层横挡应在同一水平面上，其高低偏差不应大于 5mm。托架支吊架沿桥架走向左右的偏差不应大于 10mm。

4）在有坡度的电缆沟内或建筑物上安装的电缆支架，应有与电缆沟或建筑物相同的坡度。

5）组装后的钢结构竖井，其垂直偏差不应大于其长度的 2/1000；支架横撑的水平误差不应大于其宽度的 2/1000；竖井对角线的偏差不应大于其对角线长度的 5/1000。

6）位于振动场所的桥架系统，对包括接地部位的螺栓连接处，应装设弹簧垫圈；支架（桥架）的连接螺栓（螺母）位于外侧，防止电缆蠕动擦伤。

7）直线段钢制桥架超过 30m、铝合金或玻璃钢桥架超过 15m 时，设置伸缩缝，采用伸缩连接板。

8）电缆支架立柱及托架在该环境下，应能保证结构强度可靠，防腐层牢固、耐用，防腐年限应达到设计要求。

9）电缆支架内表面光滑、无尖角和毛刺，满足长期浸泡在水中，并满足 7500N 的机械强度。

10）电缆所有支架需能可靠接地，且接地处需做防腐处理，处理等级不低于支架本身的防腐要求。

11）弯曲半径不小于电缆最小允许弯曲半径。

（8）主接地网施工验收。

1）接地体顶面埋裸应符合设计规定，当设计无规定时，不应小于 600mm。

2）垂直接地体间的间距不宜小于其长度的 2 倍。水平接地体的间距不宜小于 5m。

3）接地体的连接应采用焊接，焊接必须牢固、无虚焊，焊接位置两侧 100mm 范围内及锌层破损处应防腐。

4）采用焊接时搭接长度应满足：扁钢搭接为其宽度的 2 倍；圆钢搭接为其直径的 6 倍；扁钢与圆钢搭接时长度为圆钢直径的 6 倍。

3. 高落差连续电缆的敷设

（1）电缆到达现场应进行到货检查，产品的技术文件、附件安装图纸及工艺说明书应齐全；电缆型号、规格、长度应符合订货要求；电缆盘及包装应完好，标识应齐全，电缆外观不应受损，封端应严密。推荐 220kV 2500mm² 电缆选型为交联聚乙烯绝缘皱纹铝套防水层聚乙烯护套纵向阻水阻燃电力电缆。

（2）电缆路径符合批准的文件，电缆之间、电缆与其他管道、道路、建筑物等平行或交叉的最小净距满足设计规范。

（3）敷设温度满足厂家技术条件，厂家无要求时，环境温度不宜低于 0℃。

（4）电缆弯曲半径满足厂家技术条件，厂家无要求时，大于 20 倍电缆外径。

（5）敷设牵引力及侧压力，牵引力不大于 70N/mm²，平面滑动敷设侧压力不大于 3kN/m，滑轮组敷设时每只滑轮侧压力不大于 2kN/只；高落差连续敷设应考虑落差段重力引起的敷设设备的不同步，采取科学合理的控制手段，确保高落差段的速度调节，敷设速度推荐为 6m/min。

（6）电缆沟内水平敷设电缆，各相间距离均匀一致，与沟的侧面保持一定的空隙（5cm 以上）。

（7）电缆在支架上的敷设符合下列要求：每隔一定距离设置一个支承点，转弯处视情况加设；单芯电缆三相按正三角形排列时，每隔一定距离用电缆专用固定夹固定；混凝土支架应采用一定厚度的橡胶衬垫。

（8）电缆桥梁敷设应根据桥梁材质的伸缩、电缆热应力的蠕动伸缩进行计算，确定蛇形敷设的波幅、波距，桥墩两端和伸缩缝处的电缆，应留有松弛部分。

（9）电缆桥梁敷设的电缆应采取避免太阳直接照射的措施。

（10）单芯电缆构支架不应有闭合的铁磁回路。

（11）电缆拉管应根据热应力、热伸缩量、横向滑移量计算值，安装伸缩装置。应复核伸缩装置，确认其满足应力释放、防腐性能等技术要求，伸缩装置应大于电缆允许弯曲半径，并应满足金属护层的应变不超出允许值。

（12）电缆蛇形打弯，蛇形的波峰、波谷、波幅应符合设计要求（其参数选择应保证电缆因温度变化产生的轴向热应力，不致对电缆金属套长期使用产生应变疲劳断裂，且宜按允许拘束力条件确定），波幅误差为 +10mm，本体无尖角、无损伤。

（13）电缆外观无损伤、绝缘良好，牵引过程中保持端部密封良好。

（14）电缆进入电缆沟上坡段、隧道、竖井、终端塔（构架）采用电缆专用固定夹具固定，固定夹具紧握力不小 3kN，电缆夹具采用非磁性铝合金夹具或高强度复合材料夹具；电缆夹具表面光滑、无毛刺，便于安装，外表面作防腐处理，能满足长期浸泡在水中，保证使用寿命 30 年；电缆夹具宽度不小于 100mm，满足 3500N 的瞬时电动力，1600N 的弧形轴向力；电缆夹具内应加厚度不小于 3mm 的耐腐、阻燃的橡皮垫层；电缆夹具内表面能与电缆保证在 80% 以上的接触面。

（15）高落差连续敷设段落的电缆支架最大跨距应满足支架件的承载能力和无损电缆的外护层及其导体的要求，固定夹具应为带弹簧的固定夹具，转弯处部位的电缆上应设置不少于 1 处的刚性固定，在垂直或斜坡的高位侧，宜设置不少于 2 处的刚性固定。在 20～30m 的高落差电缆竖井转弯高位侧应采取不小于 2 处的刚性固定，竖井底部转弯侧应采取不小 4 处的刚性固定；高落差段落采取蛇形敷设时，夹具间距推荐

1.5m 一挡，直线敷设时推荐 1m 一挡。

（16）电缆蛇形敷设的每一节距部位，宜采取扰性固定。蛇形转换成直线敷设的过渡部位，宜采取刚性固定。

（17）电缆拉管、排管口的固定应采用管口柔性专用固定装置，防止短路电动力引起电缆鞭击受损。

（18）电缆进入电缆沟、隧道、竖井、建筑物、上坡段以及穿管时，出入口封闭、管口封堵良好。

（19）电缆敷设打弯后，排列整齐，无机械损伤；每条电缆标示路名，并将相色带缠绕在电缆两端的明显位置；电缆线路走廊障碍物的处理应满足相关规定。

4. 试验验收

按照 Q/GDW 11316《电力电缆线路试验规程》的试验项目和要求进行交接试验验收，试验结果必须符合标准要求。试验仪器、仪表及设备满足试验要求，计量仪器、仪表必须经检验合格。

（1）电缆主绝缘电阻符合规范要求。

（2）电缆外护套直流耐压试验。

（3）检查相位。

（4）电缆线芯直流电阻、金属护套直流电阻之比应符合规程要求。

5. 存在问题及整改计划

对检查发现的问题及时进行整改，并进行重新验收。

附录 A 高压大截面拉管段、高落差弧形段的牵引力、侧压力简化计算程序表

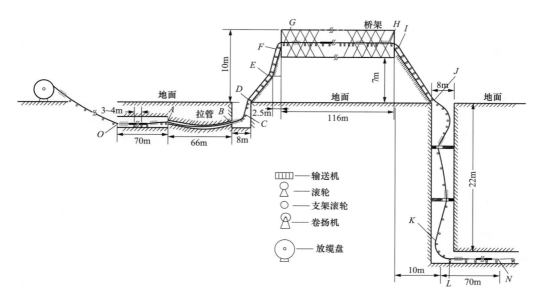

图 A-1 高落差敷设示意图

表 A-1 参 数 设 置

变量名称	变量符号	设定值 1	单位 1
导体截面	A	2500	mm²
电缆单位长度重量	W	38000	kg/km
转弯处滚轮个数	n	5	
摩擦系数 1	μ_1	0.4	
摩擦系数 2	μ_2	0.2	
射角 1	θ_1	30	(°)
射角 2	θ_2	30	(°)
角度 3	θ_3	45	(°)
角度 4	θ_4	60	(°)
转弯半径	R	4	m
输送机的作用力	F	6400	N
距离 1	L_1	15	m
距离 2	L_2	70	m

变量名称	变量符号	设定值 1	单位 1
距离 3	L_3	66	m
距离 4	L_4	5	m
距离 5	L_5	5	m
距离 6	L_6	5	m
距离 7	L_7	116	m
距离 8	L_8	10	m
距离 9	L_9	7	m
距离 10	L_{10}	70	m
	h	5	

表 A-2   牵 引 力 侧 压 力 计 算

位置	节点	牵引力	单位	侧压力	单位	方案	
开始点	T_0	−814				1	1
拉管前节点	T_a	−2000.4	N			1	1
拉管底端 A1	T_{a1}	−2572.368559	N				
拉管底端 A2	T_{a2}	5538.94952	N				
拉管后节点	T_b	1430.96	N			1	1
转弯后的节点	T_c	3781.4512	N	945.3628	N/m		
到达地面后节点	T_d	5457.2512	N				
经过 45°角后	T_e	637.2105919	N			1	1
经过 60°角后	T_f	2435.949894	N				
转弯后的节点	T_g	4648.099354	N	1162.024839	N/m		
到达桥的另一端	T_h	487.7793544	N			2	1
转弯后的节点	T_i	5757.409716	N	1439.352429	N/m	反 1	
到达进口时节点	T_j	3650.797193	N				1
竖井中一楼	T_{k1}	2459.117193	N				
竖井中二楼	T_{k2}	373.9921182	N				反 1
到达隧道底端点	T_k	5124.406904	N				
转弯后的节点	T_l	30.32668989	N	7.581672473	N/m	1	1
终点	T_m	5243.92669	N				

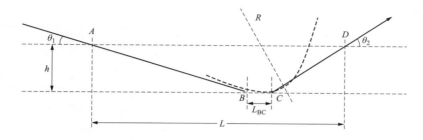

图 A-2　拉管段示意图

表 A-3　　　　　　　　　　拉 管 段 参 数 设 置

变量符号	设定值1	单位1	设定值2	单位2
A	2500	mm²		
W	38000	kg/km	38	kg/m
μ_1	0.4			
μ_2	0.2			
θ_1	30	(°)	0.523598776	rad
θ_2	30	(°)	0.523598776	rad
θ_3	45	(°)	0.785398163	rad
θ_4	60	(°)	1.047197551	rad
R	3	m		
F	6400	N		
L	66	m		
h	5	m		

表 A-4　　　　　　　　　　拉 管 段 牵 引 力

节点	牵引力	节点	牵引力
A	−6400	D	3431.36
B	−6971.968559	D点的真实值	7363.69856
C	1139.34952		

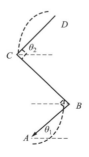

图 A-3　竖井三段式示意图

表 A‐5　　　　　　　　　　　　　竖 井 三 段 式 参 数

变量符号	设定值1	单位1	设定值2	单位2
A	2500	mm²		
W	38000	kg/km	38	kg/m
μ_1	0.4			
μ_2	0.2			
L_{BC}	7	m		
F	6400	N		
θ_1	30	(°)	0.523598776	rad
θ_2	30	(°)	0.523598776	rad
θ_3	45	(°)	0.785398163	rad
θ_4	60	(°)	1.047197551	rad
R	3	m		

表 A‐6　　　　　　　　　　　　　竖 井 三 段 式 牵 引 力

节点	牵引力	节点	牵引力
D	0	A	−3872.645075
C	−893.76	A 点真实值	−6041.326317
B	−2978.885075		

附 录 B　电缆热应力计算公式

电缆热应力计算

表 B-1

导体截面 A (mm²)	电缆线路导体温升 t (℃)	蛇形长度的 1/2 L (mm)	电缆线路热膨胀系数 a	摩擦系数 u	理论重量 (kg/km)	电缆单位长度的重量 W (N/mm)	电缆的反作用力 f (N)	电缆的杨氏模量 E (N/mm²)
800	65	3000	0.00002	0.5	17746.7	0.17391766	1000	30000
1000	65	3000	0.00002	0.5	20000	0.196	1000	30000
1200	65	3000	0.00002	0.5	22100	0.21658	1000	30000
1600	65	3000	0.00002	0.5	27000	0.2646	1000	30000
2500	65	3000	0.00002	0.5	36700	0.35966	1000	30000
2500	50	3000	0.00002	0.4	42630	0.417774	1000	30000

导体截面 A (mm²)	$uWL+2f$ (AEa)	抗弯刚度 E_1 (N·mm²)	热膨胀量 m_1 (mm)	热膨胀量 m_2 (mm)	蛇形弧幅 B (mm)	侧向滑移量 n (mm)	轴向伸缩力 F_{h2} (N)	轴向伸缩力 F_{v2} (N)
800	4.71	20900000000	102.1364555	1.81684761	200	20.728042		
1000	3.82	27300000000	116.4115646	1.84265	200	21.00841613	-8051.67233	-70.07583293
1200	3.23	31500000000	128.7078934	1.859898542	200	21.19564417	-9205.249415	-393.0505708
1600	2.50	42900000000	143.6192996	1.881298438	200	21.42771394	-12277.79612	-1523.044792
2500	1.69	75800000000	169.0531799	1.9046051	200	21.68018513	-20795.18979	-6193.343448
2500	1.67	56030000000	106.2975038	1.454986712	220	15.33791921	-11233.54025	4104.265791

附录 C 电缆线路带电检测局部放电判别图谱库

图 谱 库 1

表 C-1

项目	切割式电缆本体损伤	穿刺式电缆本体损伤	外半导电断口尖端
缺陷尺寸	切割损伤轴向宽度为 10cm，外屏蔽层切痕为 5cm，深度为 2mm	穿刺孔直径为 3cm，深度约为 4cm	尖端为等腰三角形，底宽为 4mm，高为 12mm，间距为 8mm
缺陷照片			

续表

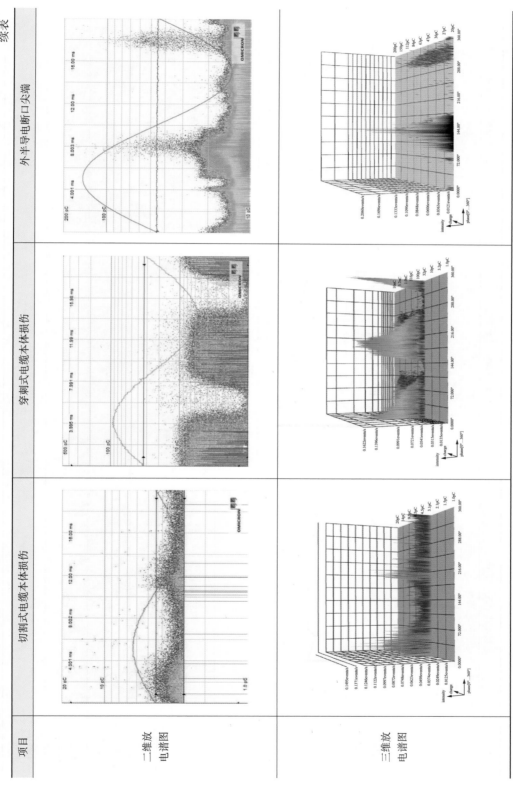

项目	切割式电缆本体损伤	穿刺式电缆本体损伤	外半导电断口尖端
二维放电谱图			
三维放电谱图			

续表

项目	切割式电缆本体损伤	穿刺式电缆本体损伤	外半导电断口尖端
时域和频域波形	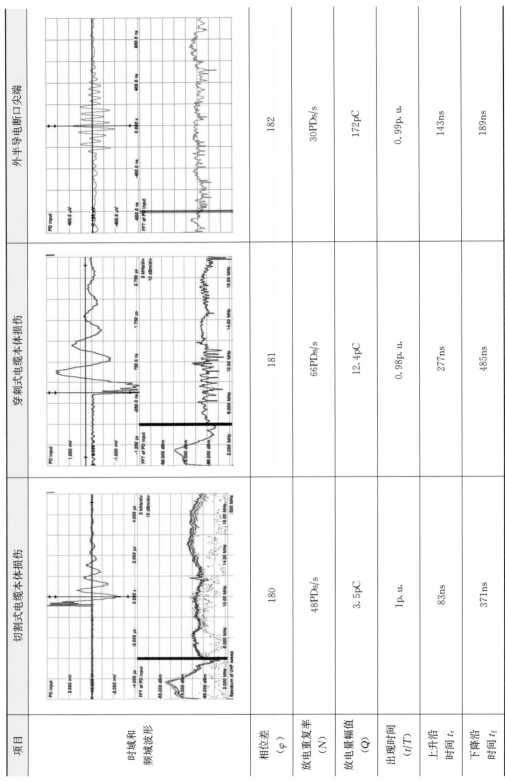		
相位差（φ）	180	181	182
放电重复率（N）	48PDs/s	66PDs/s	30PDs/s
放电量幅值（Q）	3.5pC	12.4pC	172pC
出现时间（t/T）	1p. u.	0.98p. u.	0.99p. u.
上升沿时间 t_r	83ns	277ns	143ns
下降沿时间 t_f	371ns	485ns	189ns

续表

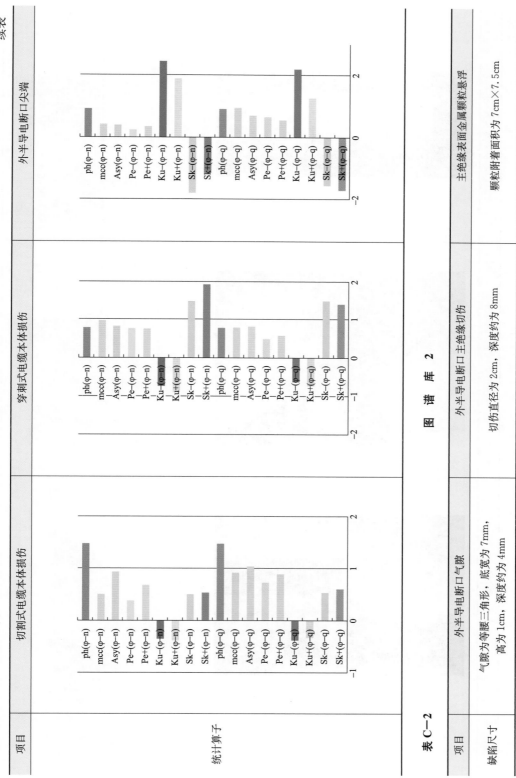

项目	切割式电缆本体损伤	穿刺式电缆本体损伤	外半导电断口尖端
统计算子			

图　谱　库　2

表 C—2

项目	外半导电断口气隙	外半导电断口主绝缘切伤	主绝缘表面金属颗粒悬浮
缺陷尺寸	气隙为等腰三角形，底宽为 7mm，高为 1cm，深度约为 4mm	切伤直径为 2cm，深度约为 8mm	颗粒附着面积为 7cm×7.5cm

续表

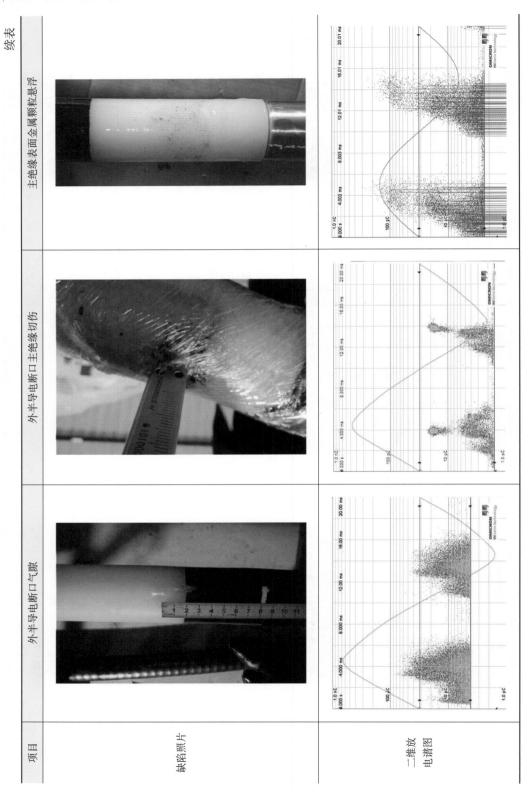

项目	外半导电断口气隙	外半导电断口主绝缘切伤	主绝缘表面金属颗粒悬浮
缺陷照片			
二维放电谱图			

续表

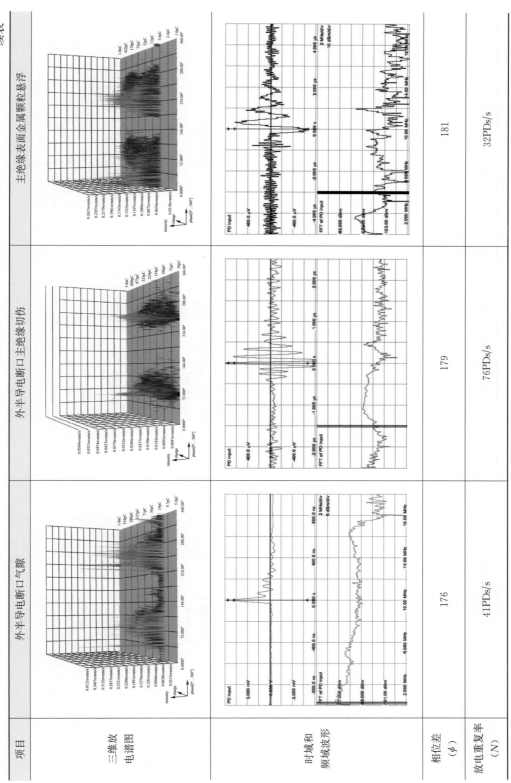

项目	外半导电断口气隙	外半导电断口主绝缘切伤	主绝缘表面金属颗粒悬浮
三维放电谱图			
时域和频域波形			
相位差（ϕ）	176	179	181
放电重复率（N）	41PDs/s	76PDs/s	32PDs/s

续表

项目	外半导电断口气隙	外半导电断口主绝缘切伤	主绝缘表面金属颗粒悬浮
放电量幅值 (Q)	87pC	20pC	172pC
出现时间 (t/T)	0.98p. u.	0.99p. u.	0.97p. u.
上升沿时间 t_r	38ns	58ns	279ns
下降沿时间 t_f	86ns	87ns	364ns
统计算子			

表 C—3　　图 谱 库 3

缺陷尺寸	主绝缘切向气隙	接头预制件安装错位	电缆接头浸水
	切向气隙距外半导电断口 3.6cm，切口 3cm×8mm，最大深度 8mm	外屏蔽层断口边沿与应力锥尾端外边沿错开 5mm	接头内部电缆本体线芯，压接管内，铜壳内含自来水
缺陷照片			
二维放电谱图			

续表

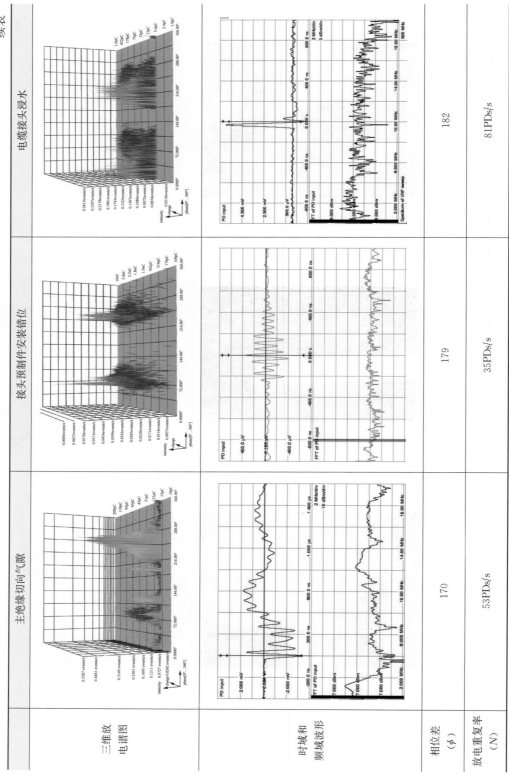

	主绝缘切向气隙	接头预制件安装错位	电缆接头浸水
三维放电谱图			
时域和频域波形			
相位差（φ）	170	179	182
放电重复率（N）	53PDs/s	35PDs/s	81PDs/s

续表

	主绝缘缘切向气隙	接头预制件安装错位	电缆接头浸水
放电量幅值 (Q)	428pC	9nC	982pC
出现时间 (t/T)	0.99p. u.	0.99p. u.	0.98p. u.
上升沿时间 t_r	34ns	18ns	21ns
下降沿时间 t_f	66ns	35ns	36ns
统计算子			

表 C—4

图 谱 库 4

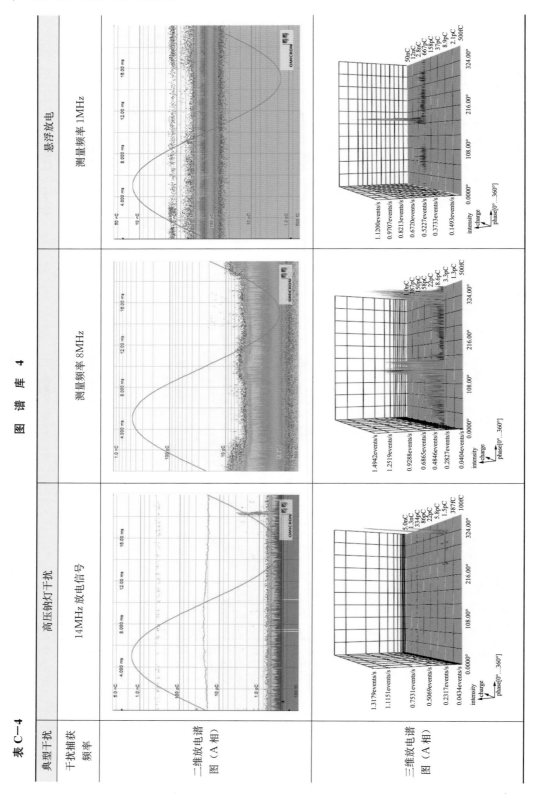

典型干扰	高压钠灯干扰		悬浮放电
干扰捕获频率	14MHz放电信号	测量频率 8MHz	测量频率 1MHz
二维放电谱图（A相）			
三维放电谱图（A相）			

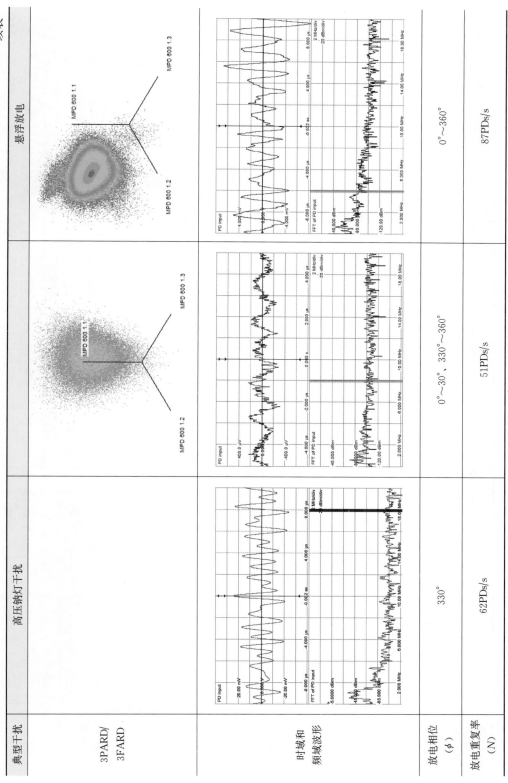

典型干扰	高压钠灯干扰		悬浮放电
3PARD/3FARD			
时域和频域波形			
放电相位（φ）	330°	0°～30°，330°～360°	0°～360°
放电重复率（N）	62PDs/s	51PDs/s	87PDs/s

续表

典型干扰	高压钠灯干扰		悬浮放电
放电量幅值 (Q)	2.8pC	10.2pC	1.8nC
出现时间 (t/T)	1p. u.	0.99p. u.	0.98p. u.
上升沿时间 t_r	1μs	1.2μs	1.4μs
下降沿时间 t_f	0.87μs	0.7μs	0.3μs

图谱库 5

表 C-5

干扰捕获频率	电晕干扰 测量频率 1MHz	电晕干扰 测量频率 4MHz	电晕干扰 测量频率 8MHz
二维放电谱图（A相）	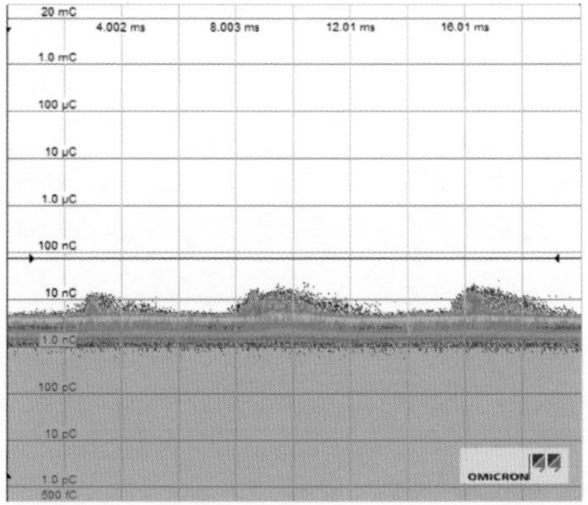	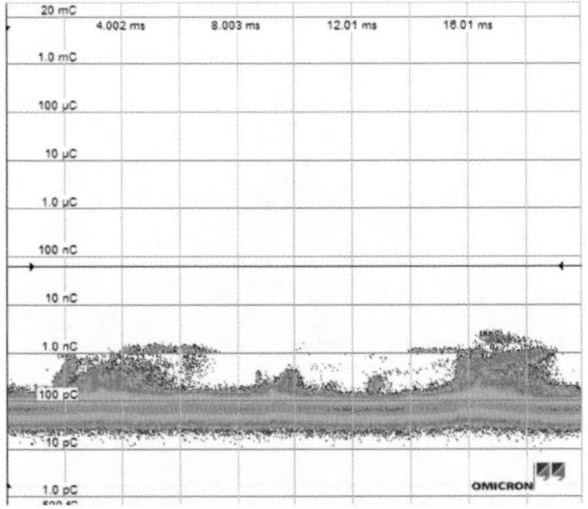	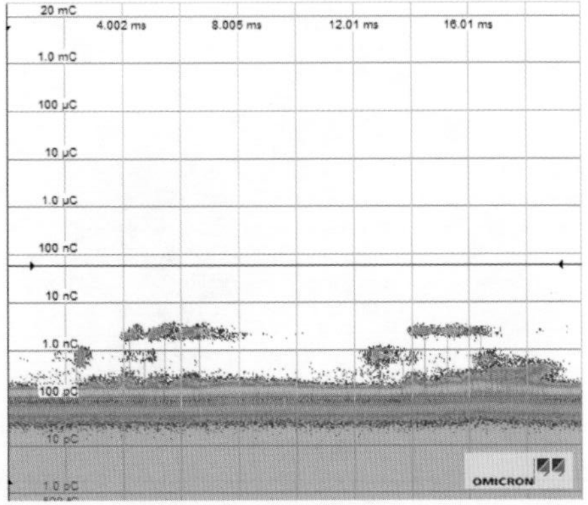

续表

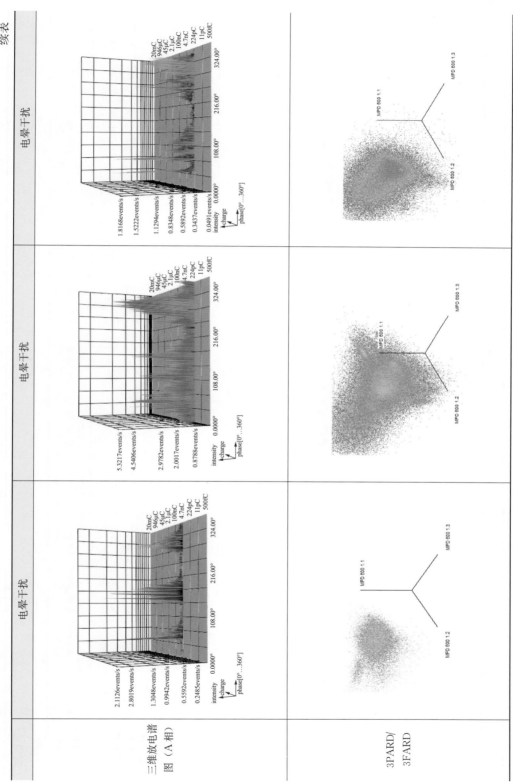

续表

	电晕干扰	电晕干扰	电晕干扰
时域和频域波形			
放电相位 (ϕ)	30°~150°, 210°~330°	30°~150°, 210°~330°	30°~150°, 210°~330°
放电重复率 (N)	36PDs/s	88PDs/s	43PDs/s
放电量幅值 (Q)	22pC	5.2nC	5.3nC
出现时间 (t/T)	0.96p.u.	0.99p.u.	0.98p.u.
上升沿时间 t_r	0.67μs	0.63μs	0.8μs
下降沿时间 t_f	0.78μs	0.42μs	0.7μs

参 考 文 献

[1] 贺智涛. 252kV 交联聚乙烯电缆高落差敷设 [J]. 广东电力，2001，6：63 – 65.

[2] 李宗廷. 电力电缆施工手册. 北京：中国电力出版社，2001.

[3] 史传卿. 电力电缆. 北京：中国电力出版社，2004.

[4] 李国征. 电力电缆线路设计施工手册. 北京：中国电力出版社，2007.

[5] 唐炬，龚宁淘，李伟，等. 高压交联聚乙烯电缆附件局部放电特性分析 [J]. 重庆大学学报，2009，32（5）：528 – 534.

[6] 吴倩，刘毅刚. 高压交联聚乙烯电缆绝缘老化及诊断技术述评 [J]. 广东电力，2003，16（4）：1 – 6.

[7] 张振鹏，蒙绍新，赵健康，等. 典型敷设条件下电力电缆线路运行振动特征值的测量实验 [J]. 高电压技术，2015，41（4）：1188 – 1193.

[8] 袁燕玲，周灏，董杰，等. 高压电力电缆护层电流在线监测及故障诊断技术 [J]. 高电压技术，2015，41（4）：1194 – 1203.

[9] 王伟，李云财，马文月，等. 交联聚乙烯（XLPF）绝缘电力电缆技术基础 [M]. 西安：西北工业大学出版社，2005.

[10] 蒙绍新，夏荣. 阻尼振荡波电压下 110kV 交联电缆的局部放电定位研究 [C]. 全国第九次电力电缆运行经验交流会，2012：471 – 475.

[11] 国家电网公司 2012 年电缆专业总结报告 [R]. 北京：国家电网公司运检部，2012.

[12] Cable Systems Electrical Characteristics [R]. Report of CIGRE WG B1 – 30：2013.

[13] Cable Systems in Multipurpose or Shared Structures [R]. Report of CIGRE WG B1 – 08：2010.

[14] ZHANG Zhenpeng, ZHAO Jiankang, RAO Wenbin, et al. Validate Test for the Calculation congruity of Distributed temperature Sensing System [J]. High Voltage Engineering, 2012, 38 (6)：1362 – 1367.

[15] Labridis D., Dokopoulos P.. Finite element computation of field, losses and forces in a three - phase gas cable with nonsymmetrical conductor arrangement [J]. IEEE Transactions on Power Delivery, 1988, 3 (4)：1326 – 1333.

[16] Zheng Zhaoji, Wang Kunming. Power Cable Line [M]. Beijing, China：Water Conservancy and Electric Power Press，1983.

[17] IEC 60853. Calculation of the Cyclic and Emergency Current Rating of Cable [S]，2002.

[18] IEC 60287. Electric cable - calculation of the current rating [S]，2002.

[19] M. Tomita, T. Akasaka, Y. Fukumoto, et al. Laying method for superconducting feeder cable along railway line [J]. Cryogenics, 2018.

[20] J. K. Choi, T. Yokobiki. ROV – Based Automated Cable – Laying System：Application to DO-NET2Installation [J]. IEEE Journal of oceanic engineering, 2018, pp. 665 – 676.

[21] B. Sun, E. Makram. Configuration optimization of cables in ductbank based on theirampacity [J]. Journal of Power and Energy Engineering, 2018.

[22] Y. J. Zhou, Y. Jiang, X. J. Jiang. Cable laying project of long distance bridge cutting across sea [J]. Power System Technology, 2006, pp. 87 – 90.

[23] Y. X. Yan, X. L. Fang, W. G. Zhang, et al. Cable section and laying of xiamen 320kV flexible DC cable transmission project [J]. High Voltage Engineering, 2015, pp. 1147 – 1153.

[24] K. Uchida, S. Kobayashi, T. Kawashima, et al. New after – laying test methods for XLPE cable lines [J]. Electrical Engineering in Japan, 1996, 117 (6).

[25] C. Wu, G. J. Wen. Calculation Method of the Pull – Back Force for Cable Laying of the Trench less Completed Power Pipeline [J]. Journal of coastal research, 2015, pp. 681 – 686.

[26] Y. L. Zheng. Research on optimal numerical caculation model of cable groups ampacity in cable route [J]. High Voltage Engineering, 2015, pp. 3760 – 3765.

[27] Y. P. Gao, T. Y. Tan, K. P. Liu. Research on temperature retrieval and fault diagnosis of cable joint [J]. High Voltage Engineering, 2016, pp. 535 – 542.

[28] X. B. Cao, Z. X. Yi, K. Chen, et al. Laying mode and laying spacing for single – core feeder cable of high railway [J]. China Railway Science. 2015, pp. 85 – 90.

[29] 陈小林，黄宏新，陈永红. XLPF 绝缘老化中的单次放电波形统计分析 [J]. 高电压技术，2007, 33 (8)：10 – 12.

[30] 江秀臣. 局部放电 HF/UHF 联合分析方法的现场电缆终端检测应用 [J]. 电力自动化设备，2010, 30 (5)：92 – 95.